纺织服装教育"十四五"部委级规划教材

# 蛋白质纤维制品染整工艺

## DANBAIZHI XIANWEI ZHIPIN RANZHENG GONGYI

姜秀娟 主编　许海英 于子建 许兵　副主编

东华大学出版社
·上海·

## 内容提要

本教材是高职数字化染整技术专业的核心课程配套教材之一,内容注重实用性、新颖性。本教材内容包括蛋白质和蛋白质纤维、毛纤维制品的染整、蚕丝纤维制品的染整、人发制品及其加工、印染制品的质量检验共五个项目。其中,"毛纤维制品的染整"和"蚕丝纤维制品的染整"是本教材最核心、最重要的内容,以蛋白质纤维中最典型的品种——羊毛织物、桑蚕丝织物为主,分别介绍其前处理、染色和整理工艺。"蛋白质和蛋白质纤维"属于纤维基础知识,主要介绍纤维的分子结构、分类、物理力学和化学性质,为理解染整工艺打下基础。最后两个项目为拓展知识部分,其中"人发制品及其加工"面向学生就业方向之一的假发产业,为学生将来从事相关技术工作提供一定的知识、技能指导。

### 图书在版编目(CIP)数据

蛋白质纤维制品染整工艺/姜秀娟主编. —上海:
东华大学出版社,2024.1
ISBN 978-7-5669-2307-3

Ⅰ.①蛋… Ⅱ.①姜… Ⅲ.①蛋白质纤维-染整-教材 Ⅳ.①TS190.6

中国国家版本馆 CIP 数据核字(2023)第 234574 号

**责任编辑** 张 静
**封面设计** 魏依东

出　　版　东华大学出版社(上海市延安西路 1882 号,2000051)
**本 社 网 址**　http://dhupress.dhu.edu.cn
**天猫旗舰店**　http://dhdx.tmall.com
**营 销 中 心**　021-62193056　62373056　62379558
**印　　刷**　句容市排印厂
**开　　本**　787 mm×1092 mm　1/16
**印　　张**　12.25
**字　　数**　265 千字
**版　　次**　2024 年 1 月第 1 版
**印　　次**　2024 年 1 月第 1 次印刷
**书　　号**　ISBN 978-7-5669-2307-3
**定　　价**　59.00 元

# 前　言

本教材的开发以工学育人理念为指导，以培养德能兼备的高素质技术技能型人才为目标，注重教材形式的革新，以适合教学实际和学生学习需要，明确课程内容对应的工作岗位及职业能力要求，将企业典型生产案例引进教学，以便学生所学与生产岗位能力所需相结合。本教材由山东轻工职业学院数字化染整技术专业教师团队与淄博泓润纺织印染有限公司、淄博大染坊丝绸集团有限公司、青岛海森林发制品有限公司合作开发。

在教材开发过程中，得到青岛海森林发制品有限公司总工艺员许海英、淄博泓润纺织印染有限公司生产经理李华、淄博大染坊丝绸集团有限公司经理魏庆刚、淄博市纤维纺织质量监测研究院副主任王立平等的大力支持，在此对他们表示诚挚的感谢。

本教材主要内容设置为五个项目，其中：项目二"毛纤维制品的染整"任务2-3由山东轻工职业学院于子建老师编写；项目三"蚕丝纤维制品的染整"任务3-2由淄博大染坊丝绸集团有限公司赵杰、淄博泓润纺织印染有限公司生产经理李华编写；项目四"人发制品及其加工"由青岛海森林发制品有限公司许海英编写；项目五"印染制品的质量检验"由山东轻工职业学院许兵老师编写；项目一"蛋白质和蛋白质纤维"及项目二、三的其余部分由山东轻工职业学院姜秀娟老师编写。全书由姜秀娟老师统稿。

由于编者水平有限，教材内容上存在疏漏和不足之处，恳请各位读者提出宝贵意见，以便今后持续完善。

编　者

2023 年 9 月

# 目 录

# 项目 1

# 蛋白质和蛋白质纤维

## 【项目导读】

　　印染行业的专业技术人员在实际生产中面对的主要加工对象是纺织面料,因此要熟悉纺织面料的纤维类别,同时掌握各类纤维在染整加工中的性质表现,这是合理制订印染生产工艺并生产出合格产品的基础。蛋白质纤维是纺织纤维大类产品中的重要组成。在产量上,蛋白质纤维制品属于小众产品,但是这类纤维是生产高档纺织品和高附加值纺织品的主要原料。我国古代就有丝绸之路,丝绸、瓷器等产品是中华古代灿烂文化的代表。学习本门课程,要结合中国丝绸文化的相关知识,拓展专业视野,熟悉我国古代先进的制丝技术,同时通过丝绸生产、贸易的发展,了解在时间的长河里技术进步对行业发展的影响。本项目包括蛋白质的认知、蛋白质纤维两个任务。

## 【学习目标】

| 能力目标 | 知识目标 | 素质目标 |
|---|---|---|
| 1. 能够说出蛋白质纤维的类别。<br>2. 能描述羊毛和蚕丝纤维的结构和性质特点。<br>3. 能鉴别蛋白质纤维。 | 1. 掌握蛋白质的基本结构和性质。<br>2. 掌握蛋白质纤维的分类。<br>3. 熟悉羊毛纤维的结构和性质。<br>4. 熟悉蚕丝纤维的结构和性质。<br>5. 了解大豆蛋白纤维的结构和性质。 | 树立文化自信;尊重知识,尊重创造。 |

## 任务 1-1　蛋白质的认知

### 工作任务

　　对蛋白质的概念、结构和性质特点进行认知学习。

### 知识准备

　　蛋白质是由天然氨基酸通过肽键(也称为酰胺键)连接而成的生物大分子,是一种复杂的有机化合物,旧称"朊(ruǎn)"。氨基酸通过脱水缩合连成多肽链,蛋白质由一条或多条多肽链组成,一条多肽链含有二十至数百个氨基酸残基,各种氨基酸残基则按一定的顺序排列。蛋白质是生命的物质基础。纺织业中常用的蛋白质类物质有动物毛发(如羊毛、兔毛、骆驼毛等)、腺体纤维(如桑蚕丝、柞蚕丝等)及蛋白质酶等。组成蛋白质纤维的蛋白质多是线性大分子。

## 一、蛋白质的结构

### 1. 蛋白质的元素组成

蛋白质是相对分子质量很高的有机含氮高分子化合物,其结构十分复杂。但组成蛋白质的元素种类不多,主要有 C、H、O、N 四种元素,有些蛋白质还含有少量的硫、磷、铁、铜、锌和碘等元素,这些元素在蛋白质中的含量约为碳 50%、氢 7%、氧 23%、氮 16%、硫 0~3%,其他属于微量元素。所有蛋白质都含 N 元素,且各种蛋白质的含氮量很接近,平均含氮量为 16%。某物质中如果存在 1 g N 元素,就表示该物质大约含有 100/16 即 6.25 g 蛋白质。6.25 常称为蛋白质系数。

### 2. 蛋白质的结构单元组成

蛋白质完全水解的最终产物是氨基酸,因此蛋白质的基本组成单元是氨基酸。天然蛋白质中的氨基酸有 20 多种,它们的共同点是都属于 α-氨基酸,即与羧基直接相连的碳原子(称为 α-碳)上连着氨基,主要区别在于—R 基不同。α-氨基酸可用以下通式表示:

$$\underset{\underset{R}{|}}{H_2N-CH-COOH} \quad \boxed{\alpha\text{-碳}}$$

### 3. 蛋白质的分子结构

蛋白质大分子可以看作由 α-氨基酸通过氨基与羧基之间的脱水缩合反应形成的酰胺键连接而成的多缩氨酸大分子:

$$\underset{\underset{R1}{|}}{H_2N-CH-COOH} + \underset{\underset{R2}{|}}{H_2N-CH-COOH} \xrightarrow{-H_2O} \underset{\underset{R1}{|}}{H_2N-CH-}\boxed{CONH}\underset{\underset{R2}{|}}{-CH-COOH}$$

$$（Ⅰ） \qquad\qquad （Ⅱ） \qquad\qquad （Ⅲ）$$

蛋白质分子结构中的酰胺键(—CONH—)又称为肽键。由肽键连接形成的缩氨酸叫作肽,如上述反应式中的产物(Ⅲ)称为二肽。二肽继续与一个氨基酸分子缩合成为三肽,由三个及三个以上氨基酸缩合形成的多缩氨酸称为多肽。因此,可以将蛋白质分子看作由大量氨基酸以一定顺序首尾连接而形成的多缩氨酸,即多肽。多缩氨酸链是蛋白质分子的骨架,也称之为主链,多缩氨酸链中的重复单元则称之为氨基酸残基,氨基酸上的—R 基组成蛋白质分子链上的侧基。天然蛋白质分子的多肽链多为开链结构,具有自由氨基端和羧基端,分别简称为氮端和碳端。

**4. 蛋白质分子中的副键**

蛋白质分子内及分子间有很多副键,主要包括氢键、盐键和二硫键。在这些副键的作用下,蛋白质分子堆砌成不同的形态。

(1) 氢键。蛋白质分子结构中,既有分子内氢键,也有分子间氢键,它们是由强极性键(N—H、O—H)上的氢核与电负性很大的含孤对电子且携带部分负电荷的原子(如 N、O)形成的静电作用力。在羊毛纤维分子结构中,氢键主要存在于羊毛蛋白分子的酰胺键之间。

(2) 盐式键。又称为离子键,存在于大分子侧链上的酸性基团和碱性基团之间。

(3) 二硫键。此键横跨于两个角朊蛋白主链之间,或存在于同一根肽链上,属于共价键。

**5. 蛋白质的空间结构**

蛋白质分子上氨基酸的序列和由此形成的立体结构,构成了蛋白质结构的多样性。蛋白质具有一级、二级、三级、四级结构,如图 1-1-1 所示。作为一种生物大分子,蛋白质分子的结构决定了它的功能。

一级结构:多肽链中的各种氨基酸是按照一定顺序连接的,蛋白质种类不同,氨基酸连接顺序也不同。组成蛋白质多肽链的线性氨基酸序列叫作蛋白质分子的初级结构,也称一级结构,见图 1-1-1(a)。

二级结构:天然蛋白质分子的多肽链在空间按一定几何形态折叠卷曲的状态,也称之为蛋白质分子的空间构象。这种空间构象是依靠不同氨基酸的 C=O 和 N—H 间形成的氢键构成的稳定结构,主要分为 α-螺旋结构和 β-折叠结构,见图 1-1-1(b)。

三级结构：通过多个二级结构元素在三维空间的排列所形成的一种蛋白质分子的三维结构，见图 1-1-1(c)。

四级结构：分子中不同多肽链（亚基）间相互作用形成具有一定功能的蛋白质复合物分子，见图 1-1-1(d)。

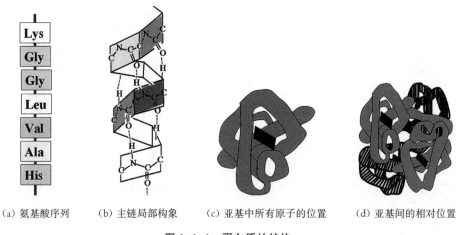

(a) 氨基酸序列　　(b) 主链局部构象　　(c) 亚基中所有原子的位置　　(d) 亚基间的相对位置

**图 1-1-1　蛋白质的结构**

## 二、蛋白质的性质

蛋白质分子中除末端的氨基与羧基外，侧链上还含有许多酸性和碱性基团，这些侧链上的基团决定了蛋白质的主要性质，所以蛋白质兼具酸和碱的性质，是典型的两性高分子物质。随着溶液的 pH 值不同，蛋白质可以发生如下变化：

$$H_3^+ N\!-\!P\!-\!COOH \underset{H^+}{\overset{OH^-}{\rightleftharpoons}} H_2N\!-\!P\!-\!COOH \underset{H^+}{\overset{OH^-}{\rightleftharpoons}} H_2N\!-\!P\!-\!COO^-$$

$$H_3^+ N\!-\!P\!-\!COO^-$$

上式中 P 表示多肽链。从此式可知，这三种状态之间的转变关系由溶液中的 $[H^+]$ 即溶液 pH 值决定。调节溶液的 pH 值，使蛋白质分子上所带的正、负电荷数量相等，这时溶液的 pH 值称为蛋白质的等电点。羊毛纤维的等电点为 4.1～4.8，桑蚕丝丝素的等电点为 3.5～5.2。当蛋白质处于等电点时，呈现一系列特殊的也极为重要的性质，如溶胀、溶解度、渗透压、电泳及电导率等，都处于最低点，此时蛋白质分子最稳定。

蛋白质与酸或碱的结合量取决于蛋白质中碱性或酸性基团的数量、溶液 pH 值和离子总浓度等因素。当溶液的 pH 值达到一定值时，蛋白质才开始结合酸或碱，而在特定的溶液 pH 值时，结合量达到最高。例如羊毛和桑蚕丝在盐酸溶液中，开始与酸结合时的溶液 pH 值分别为 5 和 3；在溶液 pH 值为 1.3～1.8 时，结合量达到最大；溶液 pH 值继续下降至 0.8 时，能保持最大结合量；但当溶液 pH 值由 0.8 继续下降时，会出现吸酸量突然增加的现象，这种现象称为超当量吸附，其原因可能是溶液 pH 值很低时肽链内的亚氨基会吸附 $H^+$。每 100 g 蛋白质纤维在不同溶液 pH 值条件下吸收盐酸的物质的量如表 1-1-1 所示。

表 1-1-1　每 100 g 蛋白质纤维吸收盐酸的物质的量　　　　（单位：mol）

| 溶液 pH 值 | 羊毛纤维 | 桑蚕丝 |
|---|---|---|
| 1.3~1.8 | 0.08~0.10 | 0.019~0.024 |
| 0.5 | 0.330 | 0.310 |
| 0.2 | 0.550 | 0.469 |

蛋白质大分子对酸、碱的吸附能力主要取决于侧基上酸、碱基团的数量，因为分子主链末端的羧酸基和氨基所占比例很小，其影响可以忽略。

蛋白质与酸、碱作用时，还存在另一种现象。将纤维放在不同 pH 值的溶液中，纤维内部和外部溶液的 pH 值往往不一致，即 $H^+$ 或 $OH^-$ 在纤维内、外部是不均匀分布的。$H^+$ 或 $OH^-$ 在蛋白质纤维内、外的分布情况还会受到电解质浓度的影响。这种现象可用膜平衡原理来解释。根据此原理，在酸性溶液中，对膜内（指蛋白质纤维内）与膜外（即外部溶液）的可移动离子来说，有如下结论：

$$[H^+]_{外} > [H^+]_{内}$$
$$pH_{内} > pH_{外}$$

在碱性条件下，则：

$$[OH^-]_{外} > [OH^-]_{内}$$
$$pH_{外} > pH_{内}$$

在相同的溶液 pH 值条件下，有中性盐存在时，蛋白质分子的结合酸（碱）量大于无中性盐存在时的结合酸（碱）量。

蛋白质在灼烧分解时，可以产生一种烧焦毛发或羽毛的特殊气味，利用这一性质可以鉴别蛋白质纤维。

# 任务 1-2　蛋白质纤维

## 工作任务

1. 认识羊毛、蚕丝纤维的结构、形态、服用特点。

2. 以表格或思维导图的形式列举羊毛、蚕丝纤维的物理力学性能和化学性质。

3. 结合所学知识,搜集日常生活中常见的羊毛、蚕丝织物,进行风格、质地、手感等方面的观察和分析。

### 知识准备

蛋白质纤维,顾名思义,是组成材质为蛋白质的纺织纤维。按照来源,蛋白质纤维又分为天然蛋白质纤维和再生蛋白质纤维两类,以天然蛋白质纤维为主。天然蛋白质纤维分为动物毛发纤维和腺体纤维两类,其代表性产品分别为羊毛和桑蚕丝。毛发纤维还包括兔毛、貂毛、驼毛等。腺体纤维除了家养桑蚕丝外,还有柞蚕丝、木薯蚕丝等野生蚕丝。蛋白质纤维分类如下:

$$
\text{蛋白质纤维}\begin{cases}\text{天然蛋白质纤维}\begin{cases}\text{动物毛发纤维:羊毛、兔毛、貂毛等}\\\text{腺体纤维:桑蚕丝、柞蚕丝等}\end{cases}\\\text{再生蛋白质纤维}\begin{cases}\text{大豆蛋白纤维、牛奶纤维等}\end{cases}\end{cases}
$$

## 一、毛纤维

在自然界中,动物毛发纤维的种类繁多,而且数量也极为丰富。目前,市场上的毛织物所采用的动物毛发纤维大致有绵羊毛、山羊绒、马海毛、羊驼毛、骆驼毛、兔毛和牦牛毛这几种。

绵羊毛:绵羊毛是动物毛发纤维中最主要的品种。毛织物品种丰富,风格多样,其中纯毛织物手感柔软,穿着舒适,是纺织面料中的高档产品。

山羊绒:被誉为"纤维之王",取自绒山羊(又名开司米山羊)身上的一层细绒毛。羊绒由皮质层和鳞片层组成,鳞片薄而稀,彼此紧贴,卷曲数比羊毛少,摩擦系数比羊毛小,缩绒性较羊毛差,纤维间抱合力差。手感柔软丰润,轻、暖、滑,富有弹性,呈自然光泽。

马海毛:即安哥拉山羊毛,主要产于南非。在显微镜下观察,马海毛鳞片比一般羊毛的大,鳞片翘角和密度介于羊毛和羊绒之间;纤维比较平直,弯曲度小,形态与山羊毛相似;刚性强,耐压,回弹性能好,缩绒性差。

羊驼毛:属于骆驼毛纤维,纤维卷曲大,长达 $20\sim40$ cm,具有近似马海毛的光泽,比马海毛更细,更柔软,强力和保暖性远高于羊毛,羊驼毛纤维具有 20 多种天然色泽,包括白色、黑色及不同深浅的棕色、灰色,是天然色彩最丰富的动物纤维。羊驼毛常与其他纤维混纺,是用于制作高档服装的优质材料。

兔毛:由细软的绒毛和粗毛组成,主要有普通家兔毛和安哥拉兔毛,且以后者质量为优,平均直径为 $11\sim14$ $\mu m$。与羊毛相比,兔毛表面光滑,纤维细长,易于辨认。兔毛质轻、细、软、保暖性强、价格低,但是纤维强度低,不易单独纺纱。

骆驼毛:主要由鳞片层和皮质层构成,少数含有髓质层,颜色多为杏黄色、棕红色、银灰色、白色、褐色、深红色及黑色。细而软的底绒称驼绒,其表面光滑,手感柔软、蓬松、轻暖。驼绒横截面与绵羊毛相似,一般为圆形。外部较粗的毛称驼毛,横截面为圆形或卵圆形。

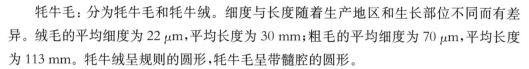

牦牛毛：分为牦牛毛和牦牛绒。细度与长度随着生产地区和生长部位不同而有差异。绒毛的平均细度为 22 $\mu m$，平均长度为 30 mm；粗毛的平均细度为 70 $\mu m$，平均长度为 113 mm。牦牛绒呈规则的圆形，牦牛毛呈带髓腔的圆形。

羊毛纤维是产量最高、应用最广泛的动物毛发纤维。本书以羊毛产品为主介绍其染整加工过程。

### （一）羊毛纤维的品质指标

#### 1. 羊毛纤维的线密度

线密度是决定羊毛品质好坏的重要指标。一般羊毛越细，其线密度越均匀，相对强度较高，卷曲多，鳞片密，光泽柔和，脂汗含量高，但长度偏短，过细的羊毛纺纱时也易产生疵点。羊毛纤维的线密度也会影响毛织物的品质和风格特征。羊毛纤维的直径差异很大，最细的约 7 $\mu m$，最粗可达 240 $\mu m$。同一根羊毛上的直径差异也可达 5~6 $\mu m$。在同一只羊身上，以肩部的毛最细，体侧、颈部、背部的毛次之，前颈、臀部和腹部的毛较粗，喉部、小腿下部、尾部的羊毛最粗。

常用的表示羊毛粗细的指标有细度、品质支数和 SUPER。如能求得纤维直径根数分布，可用直径变异系数表示一批羊毛的粗细不匀情况。目前，商业交易、毛纺工业中的分级、制条工艺的制订，都以品质支数作为重要依据。

细度：是指羊毛纤维横切面的直径或宽度，用微米（$\mu m$）表示。细度是羊毛分级的指标。羊毛越细，纺成的毛纱也越细、越均匀，织成的产品质量也越好。

品质支数：是国际范围内应用较广泛的羊毛工艺性细度指标，其含义是 1 磅精梳毛能纺成 560 码（约 512 m）长度的毛纱数。常用 s 表示品质支数。如纱支标识 90 s，就是品质支数指标。公制中，1 kg 精梳毛能纺成 1000 m 长度的毛纱数，就是多少支数。羊毛愈细，单位质量内羊毛根数愈多，能纺成的毛纱愈长。因此，越细的羊毛，品质支数越高。

SUPER：按照国际毛纺组织（IWTO）关于面料应用 Super"S"和"S"标注羊毛面料制定的规则：SUPER 概念仅可用于描述由纯新羊毛制成的制品，而"S"值取决于所用羊毛的平均纤维直径，Super"S"编码需由最终产品中检测羊毛的平均纤维直径所决定；另外不允许在混纺羊毛及非羊毛纤维制造织物和服装时使用 SUPER 这个词，而天然的非羊毛纤维或人造纤维，不能打上任何形式的"S"编码。如 Super120s，一般应用于进口毛料，根据羊毛细度和成分决定。

各线密度指标的对应关系见表 1-2-1。

#### 2. 羊毛纤维长度

羊毛纤维由于天然卷曲的存在，其长度分为自然长度和伸直长度。纤维束在自然卷曲下，两端间的直线距离称为自然长度。羊毛纤维除去卷曲，伸直后的长度称为伸直长度。在毛纺生产中都采用伸直长度。

表 1-2-1　纯精纺羊毛面料的原料细度、纱支与 SUPER 标志对应

| 羊毛细度 | 纱支 | SUPER 标志 |
| --- | --- | --- |
| 17.5 μm | 90 s | Super120 s |
| 17.0 μm | 95 s | Super130 s |
| 16.5 μm | 100 s | Super140 s |
| 16.0 μm | 105 s | Super150 s |
| 15.5 μm | 110 s | Super160 s |
| 15.0 μm | 115 s | Super170 s |

羊毛纤维的长度因羊的品种、年龄、性别、生长部位、饲养条件、剪毛次数和季节等不同，差异很大。在同一只羊身上，肩部、颈部和背部的毛较长，头、腿、腹部的毛较短。

相同线密度的羊毛纤维长而整齐、短毛含量少的羊毛，成纱强力、条干都较好。

**3. 羊毛纤维的卷曲**

羊毛纤维的卷曲与纤维线密度、弹性、抱合力和缩绒性等都有一定关系。卷曲对成纱质量和织物风格也有很大影响。根据卷曲的深浅（波高）及长短（波宽）的不同，卷曲形状可以分为三类：（1）弱卷曲，特点是卷曲的弧不到半个圆周，沿纤维的长度方向比较平直，卷曲数较少；（2）常卷曲，特点是卷曲的波形近似半圆形，细毛的卷曲大多属于这一类型；（3）强卷曲，特点是卷曲的波幅较高。卷曲数较多。细毛、羊腹毛大多属于这一类。常卷曲的羊毛多用于精梳毛纺，纺制有弹性和表面光洁的纱线和织物。强卷曲的羊毛适用于粗梳毛纺，纺制表面毛茸丰满、手感好、富有弹性的呢绒。

其他品质指标还包括羊毛的吸湿性、拉伸性能、化学稳定性等，将在羊毛纤维性质部分做介绍。

**（二）羊毛纤维的结构**

在羊毛纤维的元素组成中，除 C、H、O、N 之外，还含有一定量的 S，各元素的含量因羊毛的品种、饲养条件、羊毛的部位等不同而有一定的差异，其中以含硫量的变化较为明显。

外观上，羊毛纤维具有天然的卷曲。从羊毛纤维的横截面结构看，一般分为三层，由外到内分别为鳞片层、皮质层和髓质层，其中皮质层是羊毛纤维的主体部分。羊毛的皮质层主要由皮质细胞组成，皮质细胞中含有高硫及低硫两种蛋白质：前者是基质的主要成分，其分子链呈无定形卷曲；后者的分子链具有螺旋结构，在皮质细胞中，组成基本原纤。基本原纤再组成微原纤，微原纤则进一步组成原纤。羊毛纤维表面的鳞片层是羊毛染整加工中缩呢整理的结构基础，也是羊毛纤维制品在应用中毡化收缩的原因。羊毛纤维的结构见图 1-2-1，可明显看出羊毛纤维表面具有方向性的鳞片层结构。

根据羊毛纤维直径及髓质层的分布状况，可将羊毛纤维分为细绒毛、粗毛、两型毛和死毛，如图 1-2-2 所示。

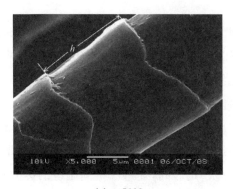

（a）×5000

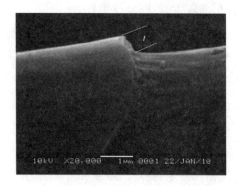

（b）×20 000

图 1-2-1　羊毛纤维与鳞片的 SEM 照片

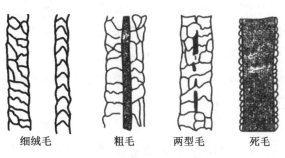

细绒毛　　　　粗毛　　　两型毛　　　死毛

图 1-2-2　各类型毛纤维髓质层

羊毛纤维
的结构

（1）细绒毛：直径在 30 μm 以下，无髓质层，鳞片密度较大，纤维较短，卷曲多，光泽柔和。

（2）粗毛：直径在 52.5 μm 以上，有连续的髓质层，外形粗长，卷曲少，光泽强。

（3）两型毛：又称中间毛或过渡毛，直径在 30～52.5 μm，有断续的髓质层，粗细差异较大，粗的部分似粗毛，细的部分如细绒毛。我国羊毛多属这种类型。

（4）死毛：除鳞片层外，几乎全为髓质层，强度和弹性很差，呈枯白色，没有光泽，也不易染色，没有纺织价值。

羊毛的物理
力学性能

## （三）羊毛纤维的性质

### 1. 力学性能

（1）拉伸回复性能。羊毛纤维的断裂强度不高，是常见天然纤维中最低的，但断裂延伸度比其他天然纤维都高，去除外力后，羊毛纤维的弹性回复能力也是常见天然纤维中最好的，所以羊毛织物不易产生折皱，具有良好的服用性能。一般羊毛细度越小，髓质层越少，其强度越高。当环境温度或湿度增加时，断裂强力会下降，但断裂伸长率会增加。干态断裂伸长率达 25%～35%，湿态可达 25%～50%。羊毛纤维拥有优良的弹性。当羊毛纤维受外力拉伸时，分子链的螺旋状 α-构象变为相对伸直的 β-构象，但肽链间的交键阻止分子间滑移，因而，在外力去除后，羊毛分子链在交键的作用下回复到原来的状态,在形变较少时,回复性更好。

(2)可塑性。羊毛在加工中常会受到拉伸、卷曲、扭转等各种外力作用,这会改变纤维原来的形态,羊毛的弹性又使纤维力图回复原来的形态,由此,纤维内产生各种应力。这些应力需要相当长的时间才能逐渐消除,这给羊毛制品的加工造成困难,也是羊毛制品在加工和使用过程中尺寸和形态不稳定的主要原因。

羊毛的可塑性是指在湿热条件下,羊毛内应力迅速衰减,施加外力作用改变纤维现有形态,再经冷却或烘干使其定形的性质。毛织物的定形就是利用羊毛纤维的可塑性,将毛织物在一定的温度、湿度和外力作用下处理一定时间,通过肽链间副键的拆散和重建,使织物获得稳定的尺寸和形态。毛织物在染整加工过程中的煮呢、蒸呢、电压和定幅烘燥都具有定形作用,但效果是暂时的还是永久的,要看定形条件。

(3)缩绒性。羊毛的缩绒性也称毡缩性,是指羊毛在湿热条件下经外力的反复作用,纤维之间互相穿插纠缠,纤维集合体逐渐收缩得紧密的性质。羊毛缩绒性的产生是由于羊毛表面由毛根指向毛尖的鳞片结构使纤维移动时产生定向摩擦效应。此外,羊毛的高度拉伸与回复性以及稳定卷曲,也是促进羊毛纤维及制品毡缩的因素。毛织物湿整理中的缩呢加工即利用了羊毛的缩绒性。

**2. 化学性质**

(1)水的作用。羊毛纤维具有良好的吸湿性,在相对湿度 60%～80% 的条件下,回潮率在 14%～18%,是常见纺织纤维中最高的。在水中,羊毛一般只发生各向异性的溶胀,即长度增加不多,横截面积增加多;在剧烈条件下,如较高的温度和溶液 pH 值会使羊毛的肽键水解,从而造成纤维强力下降。

(2)酸和碱的作用。羊毛纤维对酸表现出一定的稳定性,但这种稳定性是相对的。较稀的酸或短时间的浓酸作用,对羊毛的损伤不大,所以常用酸去除原毛或呢坯中的草屑等植物性杂质。有机酸如醋酸、蚁酸是羊毛染色中常用的促染剂。碱会使羊毛变黄、溶解,对羊毛有较大的破坏作用。碱剂不仅能拆散肽链间的盐式键,而且能催化分子主链上的肽键水解。碱剂对羊毛纤维的水解作用受碱的强度和浓度、作用时间和温度以及电解质浓度的影响。

(3)光的作用。日光的照射对羊毛有破坏作用,可能由于紫外线的作用,羊毛中的二硫键发生氧化和水解,从而改变羊毛的组成和结构,使羊毛手感粗糙、弹性下降。但在天然纤维中,羊毛是最耐日晒的纤维之一。

(4)氧化剂和还原剂的作用。羊毛对氧化剂比较敏感,氧化剂可使肽链之间的交联键破坏。一定条件下,氧化剂也可破坏蛋白质大分子中的肽键。含氯的氧化漂白剂对羊毛的作用最剧烈,因此不适用于羊毛的漂白。羊毛的氧化漂白常用过氧化氢。

还原剂能破坏羊毛中的二硫键,在碱性介质中破坏作用更强烈。亚硫酸氢钠对羊毛作用比较缓和,可用于羊毛的还原漂白,也可用于卤素防毡缩处理中的脱氯等。连二亚硫酸钠常用作羊毛的还原漂白剂,具有较强的还原性,在漂白羊毛时,会使羊毛中的二硫键受到一定程度的破坏而生成—SH。—SH 很不稳定,若将还原剂处理过的羊毛长时间暴露在空气中或在氧化剂中处理,—SH 很容易重新氧化成二硫键。

(5)卤素的作用。卤素对羊毛的鳞片有强烈的破坏作用。经过氯化处理的羊毛截面膨胀,强度和伸长率下降,纤维泛黄,光泽增强,对染料的吸附能力提高,缩绒性大大降低。羊毛制品的染整生产中,卤素的应用很多。如用于增强羊毛地毯的光泽、进行毛织物防毡缩整理、制造不缩绒的毛纱来编织羊毛衫裤等。

### (四)毛纤维制品

毛纤维制品通称为呢绒。毛型织物根据所含羊毛纤维的比例分为纯毛织物和毛混纺织物。

纯毛织物是指织物的经纬纱均采用羊毛纤维构成,如纯毛华达呢等。纯毛织物不代表纯毛含量为 100%,为改善毛纱性能,依据国家标准可以加入少量其他纤维。国家标准规定,精纺毛织物中允许加入 5% 的化学纤维,若有装饰性纤维,二者之和不能超过 7%;粗纺毛织物一般允许加入 10% 的其他纤维。纯毛织物手感柔糯,保暖性、缩绒性好,但价格高、染色不鲜艳、水洗性差。纺织行业标准中纯羊毛产品出厂标志见图 1-2-3(a)。

毛混纺织物指织物的经纬纱是由羊毛和其他纤维混纺而成,如毛涤法兰绒等。一般规定毛混纺织物中动物毛含量在 30% 以上,否则称为低比例毛混纺或纯化纤织物。毛混纺织物中其他纤维主要是涤纶、锦纶、腈纶和黏胶纤维,另外,也有一些新型化纤应用其中。纺织行业标准中毛混纺产品出厂标志见图 1-2-3(b)。

(a)纯羊毛产品标志　　　　　　　(b)毛混纺产品标志

**图 1-2-3　纺织行业纯羊毛和毛混纺产品标志**

毛织物品种很多,按其加工工艺和外观风格不同,分为精纺(梳)毛织物和粗纺(梳)毛织物两大类。

精纺毛织物原料主要是精梳毛条,对羊毛的长度、细度要求高,化纤主要为中长型化纤。精纺毛织物纱支高(一般合股后织造)、质地紧密、有弹性、表面光洁、织纹清晰,手感丰满柔软。

粗纺毛织物又称粗纺呢绒,原料中掺有一定数量的精梳短毛或下脚毛,原料来源广泛,几乎所有棉、毛、丝、麻、化纤等纺织纤维均能用于粗纺。这类产品纱支较低,成品厚重,质地较紧密,呢面丰满,织物表面有整齐的绒毛覆盖,保暖性强,光泽好,大多用作冬季服装面料。

### (五) 毛织物的品名编号

毛织物具有品种多、批量小的特点,在加工时,为有效地组织生产,加强各道工序的质量管理,国家对内销毛织物实行统一编号,通过编号可以得知毛织物的原料、品种和规格等信息。外销产品采用另一套编号规则。

#### 1. 精纺毛织物的品名编号

精纺毛织物的品名编号一般由五位数字组成,从左起:

第一位表示原料。其中:"2"表示纯毛织物,"3"表示毛混纺织物,"4"表示纯化纤织物。

第二位表示产品类别。精纺毛织物品种繁多,为便于统一管理,将其分为九大类。如"2"表示华达呢类,见表 1-2-2 中品名。

第三、第四、第五位表示同一企业同一产品不同花色规格、不同原料的产品序号。

表 1-2-2　精纺毛织物的品名编号

| | 品名 | 纯毛织物 | 混纺织物 | 纯化纤织物 |
|---|---|---|---|---|
| 1 | 哔叽类 | 21001～21500 | 31001～31500 | 41001～41500 |
| | 啥味呢类 | 21501～21999 | 31501～31999 | 41501～41999 |
| 2 | 华达呢类 | 22001～22999 | 32001～32999 | 42001～42999 |
| 3 | 中厚花呢类 | 23001～23999 | 33001～33999 | 43001～43999 |
| 4 | | 24001～24999 | 34001～34999 | 44001～44999 |
| 5 | 凡立丁(包括派力司) | 25001～25999 | 35001～35999 | 45001～45999 |
| 6 | 女衣呢类 | 26001～26999 | 36001～36999 | 46001～46999 |
| 7 | 贡呢类 | 27001～27999 | 37001～37999 | 47001～47999 |
| 8 | 薄花呢类 | 28001～28999 | 38001～38999 | 48001～48999 |
| 9 | 其他类 | 29501～29999 | 3950～39999 | 49501～49999 |

编号时要注意以下几点:

(1) 如果某企业生产的花色批数较多,三位数字不够用,可在后面用括号并加数字编号,如 28001(2)～28999(2)。若还不够用,可再按数字顺序编号,如 28001(3)。

(2) 如果一个品种有几个花型,可在品名编号后加短横线及花型序号,如 25001-2、25001-3 等。

(3) 为便于区分产地和企业,常在品名编号前加两位拼音字母。第一位表示地区,如"S"表示上海等;第二位代表生产企业名称。

#### 2. 粗纺毛织物的品名编号

粗纺毛织物的品名编号按照原料、品种和生产序号分三个层次,也由五位数字组成,不够用时可增加至六位,如表 1-2-3 所示。

表 1-2-3　粗纺毛织物的品名编号

| 品名 | 纯毛织物 | 混纺织物 | 纯化纤织物 |
| --- | --- | --- | --- |
| 1. 麦尔登类 | 01001～01999 | 11001～11999 | 71001～71999 |
| 2. 大衣呢类 | 02001～02999 | 12001～12999 | 72001～72999 |
| 3. 海军呢类 | 03001～03999 | 13001～13999 | 73001～73999 |
| 4. 制服呢类 | 04001～04999 | 14001～14999 | 74001～74999 |
| 5. 女式呢类 | 05001～05999 | 15001～15999 | 75001～75999 |
| 6. 法兰绒类 | 06001～06999 | 16001～16999 | 76001～76999 |
| 7. 粗花呢类 | 07001～07999 | 17001～17999 | 77001～77999 |
| 8. 学生呢类 | 08001～08999 | 18001～18999 | 78001～78999 |

第一位表示原料。其中:"0"为纯毛,"1"为毛混纺,"7"表示纯化纤,"8"为特种动物毛纯纺或混纺,"9"为其他纤维(新型纤维原料)。

第二位表示织物品种。其中:"1"表示麦尔登类,"2"表示大衣呢类,"3"表示海军呢类,"4"表示制服呢类,"5"表示女式呢类,"6"为法兰绒类,"7"为粗花呢类,"8"表示学生呢类。

第三、四、五、六位数字是表示工厂内部生产不同规格的织物编号。如 03256 表示纯毛海军呢,其中"0"表示纯毛,"3"表示海军呢类,"256"表示工厂内部顺序号。

与精纺毛织物编号类似,编号前加两位拼音字母分别表示产地和厂名。

**3. 毛毯产品的品名编号**

毛毯属于粗纺系统产品,种类很多。毛毯的分类、命名及编号参考标准 FZ/T 20015.7—2019。

毛毯的编号由正式编号和附加编号组成。毛毯产品的正式编号由五位数字组成,第一位表示毛毯,因而也常用四位数字表示毛毯的类别和规格信息。毛毯产品的品名编号见表 1-2-4。

第一位数字为"6",表示毛毯。

第二位数字表示花色品种。

第三位数字表示原料。"0～2"表示纯毛;"4～6"表示混纺;"7～9"表示非毛纤维。

第四、五位数字表示产品序号。

表 1-2-4　毛毯产品的品名编号

| 花色代号 | 花色名称 | 原料代号 | 原料内容 |
| --- | --- | --- | --- |
| 1 | 素毯 | 0 | 羊毛 |

（续表）

| 花色代号 | 花色名称 | 原料代号 | 原料内容 |
|---|---|---|---|
| 2 | 毛经素毯 | 1 | 羊毛和其他动物纤维 |
| 3 | 道毯 | 2 | 其他动物纤维 |
| 4 | 毛经道毯 | 4 | 羊毛和腈纶 |
| 5 | 提花毯 | 5 | 羊毛和黏胶纤维 |
| 6 | 毛经提花毯 | 6 | 羊毛和其他化纤、天然纤维的混纺 |
| 7 | 印花毯 | 7 | 腈纶 |
| 8 | 格子毯 | 8 | 黏胶纤维 |
| 9 | 其他毯 | 9 | 其他化纤、天然纤维纯纺及其混纺 |

## 二、蚕丝纤维

蚕丝是一种高档的纺织纤维，素有"纤维皇后"之称。蚕丝纤维制品亲肤柔软，吸湿性好，富有弹性，光泽柔和，表面光滑，穿着舒适性好。

蚕丝纤维的结构与性质

### （一）结构

蚕丝是由蚕体内分泌的丝液经吐丝口吐出后凝固而成的。按照蚕的品种不同，蚕丝分为桑蚕丝、柞蚕丝、蓖麻蚕丝和木薯蚕丝等。家养蚕丝一般是桑蚕丝，其他几种蚕都在野外饲放，其吐出的丝又称野生蚕丝。野生蚕丝中，以柞蚕丝为主。桑蚕丝属于长丝纤维，横截面呈钝三角形。从桑蚕丝的横截面形状（见图1-2-4）可看出，外层丝胶包裹着两根丝素，单根丝素横截面为不规则椭圆形。丝素是蚕丝的主体部分，占桑蚕丝质量的70%～80%，而丝胶占20%～30%，另外，蚕丝中还含有少量灰分、蜡质、色素和碳水化合物等。

桑蚕丝丝素蛋白的基本元素组成为C、H、O、N，基本结构单元是氨基酸，一根大分子链平均含400～500个氨基酸残基。桑蚕丝丝素主要由乙氨酸组成，其次是丙氨酸、丝氨酸，乙氨酸和丙氨酸共约占总量的70%。丝素蛋白分子的有序度高，排列紧密，丝素结构呈现明显的纤维化。

图1-2-4　桑蚕丝的横截面

桑蚕丝丝胶的元素组成与丝素略有差异。丝胶主要由C、H、O、N、S五种元素组成，与丝素比，含碳量少，含氧量多，并增加了硫的成分，各种组分的含量也随品种的不同而异。丝胶分子结构的支化程度比丝素高，支链的极性基团含量比较高，分子链排列不够规整，呈球状，分子间作用力较小。

### （二）性质

（1）吸湿性。丝素的吸湿性比较好。在标准大气条件下，蚕丝丝素的吸湿率在9%

以上。丝胶比丝素的吸湿性更好。含有丝胶的桑蚕丝,吸湿率为 10%~11%。柞蚕丝的吸湿性好于桑蚕丝。

（2）膨化和溶解性。丝素吸水后会发生各向异性的膨化,在水中只溶胀,不溶解。不同盐类对桑蚕丝素的膨化和溶解作用差异很大,如在 NaCl 或 NaNO$_3$ 的稀溶液中,丝素只发生有限溶胀,而在它们的浓溶液中,丝素会发生无限溶胀,直至溶解。一般,铁、铝、锡等金属盐类对丝素的溶胀作用不显著,但它们可用作增重整理剂。

（3）耐热性。熟丝有较高的耐热性,加热至 100 ℃时,丝内的水分大量散失,但强度不受影响;120 ℃时放置 2 h,丝内水分全部放出,成为干燥丝,长度略减少,强力无变化。柞蚕丝比桑蚕丝的耐热性好,在 140 ℃高温下处理 30 min,柞蚕丝的强度无明显降低,而桑蚕丝则开始分解。蚕丝的热传导性很低,它比棉、麻、羊毛的保暖性都好。

（4）耐酸性和耐碱性。桑蚕丝对酸有一定的抵抗能力,抗酸性比棉纤维强,比羊毛差,是较耐酸的纤维之一。有机酸稀溶液被蚕丝吸收后,酸剂能长期保留在蚕丝内。有机酸可用来增加丝重,提高蚕丝的光泽,赋予丝鸣,其中单宁酸的效果最好,常被用作增重剂。在适当浓度的无机酸作用下,室温下浸酸 1~2 min,立即水洗,测得蚕丝的强度不受影响,而蚕丝的长度会产生 30%左右的强烈收缩,称为酸缩。生产中常利用无机酸对桑蚕丝的酸缩作用来制备皱纹丝织物。

丝素的耐碱性较差,但比羊毛好。室温下,丝素对碱较稳定。丝素的耐碱性受碱的种类、碱液浓度、温度、中性盐等因素的影响。柞蚕丝对碱的抵抗作用比桑蚕丝强。

（5）氧化剂和还原剂的作用。丝素在强氧化剂、高温、长时间作用下,完全分解成氨、草酸、饱和脂肪酸和芳香酸等。含氯氧化剂有较强的氧化性和漂白能力,会破坏蛋白质内的二硫键和酰胺键,对纤维的损伤较大。生产中常用过氧化氢和过氧化钠作蚕丝织物的漂白剂。

还原剂对丝素的作用较弱,常用作漂白剂。如保险粉可加入真丝精练液中,起漂白作用。还原剂（如氯化亚锡）还可用作蚕丝织物拔染印花工艺的拔染剂。

（6）耐光性。蚕丝是纺织纤维中耐光性最差的一种。丝素分子中含有易发生光氧化作用的酪氨酸、色氨酸,这些氨基酸吸收紫外光后发生氧化裂解,造成蚕丝强力下降和泛黄。像这种因光的作用而产生的纤维强度、延伸度降低的现象,称为光敏脆损。铜盐、铁盐、铝盐、锡盐等会催化蚕丝的光敏脆损作用,而单宁、硫脲等还原性物质能抑制光氧化作用。生产中可用紫外线吸收剂或硫脲等还原性物质处理蚕丝制品,以防止光敏脆损现象的发生。

**（三）丝制品**

桑蚕丝纤维纤细柔软,属于长丝,其制品主要是丝织物。丝织物原指真丝绸织物。随着化学纤维的发展,丝织物还包括纯化纤织物和丝交织织物。

丝织物坯绸经染整加工后,有印花、染色和练白三类产品,其花色多变、品种繁多,同一品种又有不同规格。为了便于识别、管理和分批加工,必须将丝织物进行分类。

**1. 按纤维原料分类**

根据丝织物所选原料不同,可分为真丝绸、合纤绸、柞丝绸、人丝绸、交织绸等。

(1)真丝绸,指经、纬线均采用真丝纤维制织的织物,如真丝乔其、真丝双绉、真丝斜纹绸等。

(2)合纤绸,指经、纬线均采用合成纤维制织的织物,如锦丝纺、涤纶绉等。

(3)柞丝绸,指经、纬线均采用柞蚕丝制织的织物,如千山绸、兴海绸、柞绢纺等。

(4)人丝绸,指经、纬线均采用再生纤维制织的织物,如无光纺、人丝电力纺、人丝古香缎等。

(5)交织绸,指经、纬线采用不同的纤维原料制织的织物,如真丝与黏胶丝交织的留香绉、黏胶丝与棉纱交织的羽纱和线绨被面、涤纶丝与涤/棉纱交织的涤纤绸等。

**2. 按织物组织分类**

(1)平纹织物,指经线与纬线一隔一地相互沉浮交叉形成的织物,如图 1-2-5(a)所示,有乔其、双绉、电力纺等。平纹织物结构紧密,无正反面之分,质地坚牢,染整加工中抗摩擦性能良好。

(2)斜纹织物,指经、纬线交织点连续成斜向的纹路,织物表面呈现对角斜线,如图 1-2-5(b)所示,有斜纹绸、美丽绸等。斜纹织物有正反面之分,交织点比平纹织物少,织物结构较紧密,手感较柔软,光泽和弹性也比较好。在织物经密、纬密相同的情况下,斜纹织物的强力比平纹织物要低。

(3)缎纹织物,指经、纬线交织点互不毗连,相间距离较远,但分布均匀的织物,如图 1-2-5(c)所示为 5 枚 3 飞经面缎纹组织。缎纹织物有软缎、织锦缎、古香缎等。与平纹织物和斜纹织物相比,缎纹织物表面的浮线长,手感柔软、光泽明亮,但交织点少,强力较差,染整加工中容易摩擦起毛。

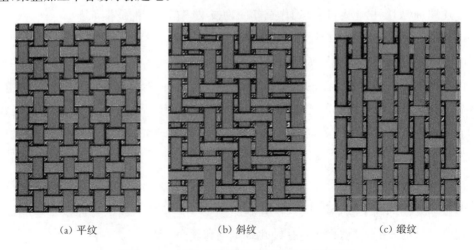

|(a)平纹|(b)斜纹|(c)缎纹|

**图 1-2-5 平纹、斜纹和缎纹织物经纬交织结构**

**3. 商业分类**

按照织物的组织结构、织造工艺、外观形状的不同,商业上将丝织物分为绡、纺、绉、绸、纱、缎、锦、绢、绫、罗、葛、绨、绒、呢等十四大类。

为了便于管理和分批加工,方便外贸,依据丝织物原料、织物属性、具体规格进行统一编号。海关规定丝织物的统一编号采用"五对十位数字",每对数字的含义如下:第一对数字"54"代表纺织品;第二对数字"03"代表纺织品中的丝织物;第三对数字"01～07"代表丝织物的原料类别;第四对数字"00～99"代表丝织物的品种大类;第五对数字代表品种规格序号。由于所有丝织物编号的前五位数字"54030"都相同,为方便使用,在丝绸行业内部,常用后五位数字表示丝织物的编号。具体含义如表 1-2-5 所示。

表 1-2-5　出口丝织物后五位编号及含义

| 第一位数字 | | 第二、三位数字 | | 第四、五位数字 |
|---|---|---|---|---|
| 序号 | 原料属性 | 序号 | 品种大类 | 规格 |
| 1 | 桑蚕丝及桑蚕丝含量大于 50% 的蚕丝交织物 | 00～09 | 绡 | 01～50 为老品号规格序数,51～99 为新品规格序数,为避免混淆,待老品号规格消号后,再启用 01～50 的序数 |
| | | 10～19 | 纺 | |
| 2 | 合纤(包括合纤长丝织物、合纤长丝与短纤维纱的交织物) | 20～29 | 绉 | |
| | | 30～39 | 绸 | |
| 3 | 天然丝短纤维与其他短纤维混纺纱成的织物 | 40～47 | 缎 | |
| | | 48～49 | 锦 | |
| 4 | 柞蚕丝类及柞蚕丝含量大于 50% 的柞桑交织物 | 50～54 | 绢 | |
| | | 55～59 | 绫 | |
| 5 | 黏胶丝或醋酯丝与短纤维纱的交织物 | 60～64 | 罗 | |
| | | 65～69 | 纱 | |
| 6 | 经纬纱有两种或两种以上原料的交织物 | 70～74 | 葛 | |
| | | 75～79 | 绨 | |
| | | 80～89 | 绒 | |
| 7 | 被面 | 90～99 | 呢 | |

此外,在编号之后常加一个分数:分子表示织物成品的门幅(cm),分母表示织物成品的每米长度质量(g)。例如"12107 90/55 双绉"的含义是原料序号为 1,品种序号为 21(绉类),规格序号为 07 号,织物成品的门幅为 90 cm,每米质量为 55 g。另外,某些内销产品编号由四位阿拉伯数字前面冠以地区号组成,如"B"代表北京。

## 三、大豆蛋白纤维

大豆蛋白纤维属于再生蛋白质纤维,简称大豆纤维,它的主要原料是来自自然界的大豆粕。大豆纤维是以食用级大豆蛋白粉为原料,利用生物工程技术,提取出蛋白粉中的球蛋白,通过添加功能性助剂,制成一定浓度的纺丝液,改变蛋白质分子的空间结构,再经湿法纺丝而成。大豆纤维是由我国纺织科技工作者自主开发,并在国际上率先实现工业化生产的高新技术产品。

大豆纤维原色为淡黄色,很像柞蚕丝的颜色,横截面呈扁平状哑铃形或腰圆形(见图1-2-6),纵向表面呈现不明显的沟槽。大豆纤维具有一定的卷曲,但卷曲程度不如细羊毛明显。大豆纤维织物手感柔软、滑爽,质地轻薄,具有真丝般的光泽和良好的悬垂性。与蚕丝相似,大豆纤维与人体皮肤有良好的相容性,具有一定的保健作用,被称为"新世纪的健康舒适纤维"。大豆纤维织物可用于制作高档针织内、外衣,也可用作衬衫、其他贴身服装和家纺产品等的面料。

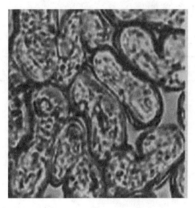
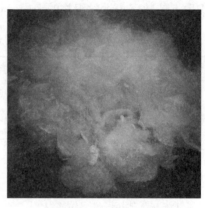

什么是大豆蛋白纤维?

(a) 横截面　　　　　　　(b) 大豆纤维

图 1-2-6　大豆纤维

(1) 吸湿导湿性。由于分子中含有大量的氨基、羧基,大豆纤维具有良好的吸湿性,其吸湿性与棉相当。大豆纤维表面具有细微的沟槽,使纤维具有良好的导湿透气性,其导湿透气性胜于棉。良好的吸湿导湿性使大豆纤维织物具有很好的穿着舒适性。

(2) 耐热性。大豆纤维耐湿热性能较差,其织物的烘干温度以 70~80 ℃为宜,不超过 100 ℃,且最好在低张力下烘干,否则会影响大豆纤维的手感。大豆纤维的耐干热性能很好,即使在 170~180 ℃下定型,对织物性能也几乎没有影响。

(3) 力学性能。大豆纤维密度小,干、湿断裂强度比棉、蚕丝、羊毛的高,可开发高品质的细密面料。大豆蛋白纤维的初始模量偏高,织物的尺寸稳定性好,抗皱性强,且易洗、快干。

(4) 染色性。大豆纤维的成分是蛋白质,其耐酸性良好,具有与羊毛和蚕丝类似的染色性能。大豆纤维可用酸性染料、活性染料染色,由活性染料染得的织物色泽鲜艳,有光泽。

## 【学习成果检验】

### 一、填空题

(1) 蛋白质分子的基本的元素组成是_____,结构单元是_____,结构单元之间通过脱水缩合形成_____连接。

（2）蛋白质具有的两性性质是指既具有_____性又具有_____性。

（3）蛋白质纤维可分为天然蛋白质纤维和_____两大类，前者的典型代表纤维是羊毛和_____。

（4）羊毛纤维的外观结构特征是具有天然卷曲和表面_____结构。

（5）羊毛纤维按髓质层分布状况可分为四类，其中无髓质层的是_____，有断续髓质层的是_____。

（6）从蚕丝的横截面形状可看出_____在外层，其质量百分含量一般为_____。

（7）丝织物按组织结构可分为_____、_____和_____，其中的_____光泽明亮，交织点少，摩擦容易起毛。

**二、概念题**

（1）羊毛的可塑性

（2）羊毛的缩绒性

（3）光敏脆损作用

**三、判断题**

（1）羊毛纤维是最耐晒的纺织纤维。　　　　　　　　　　　　　　　　（　　）

（2）羊毛纤维的断裂强度不高，断裂延伸度较大，因而弹性很差。　　（　　）

（3）羊毛的漂白常用 $H_2O_2$，不能用含氯的漂白剂。　　　　　　　　（　　）

（4）与缎纹织物相比平纹织物的强力较高。　　　　　　　　　　　　（　　）

（5）与缎纹织物相比平纹织物的光泽度较高。　　　　　　　　　　　（　　）

（6）大豆蛋白纤维属于天然蛋白质纤维。　　　　　　　　　　　　　（　　）

**四、简答题**

（1）毛织物品名编号 06080 的含义是什么？

（2）精纺毛织物具有哪些风格特点？

（3）蚕丝纤维具有哪些性质特点？

# 项目 2

# 毛纤维制品的染整

## 【项目导读】

毛纤维制品是蛋白质纤维产品的重要类别之一,其原料包括羊毛、兔毛、貂毛等,以羊毛为主。羊毛纤维制品风格多样、种类多,其染整加工流程长,生产自动化、智能化程度在行业总体水平中偏低,但产品附加值高,属于天然纤维制品中的高端面料。本项目以纯羊毛纤维制品为典型代表,介绍毛纤维制品的染整工艺,在学习中要注意结合图片、面料实物、视频等进行织物、设备等方面知识的认知,通过工艺设计与实施进行技能训练,学以致用,加深对毛纤维制品染整工艺知识的理解。

## 【学习目标】

| 能力目标 | 知识目标 | 素质目标 |
| --- | --- | --- |
| 1. 初步具备毛织物染整工艺设计与实施的能力。<br>2. 初步具备毛织物染整加工质量的分析评价能力。 | 1. 熟悉毛纤维制品染整工艺过程。<br>2. 掌握毛纤维制品的练漂、染色、整理工艺。<br>3. 掌握毛纤维制品的练漂、染色、整理工艺的质量控制要点及质量评价方法。 | 尊重科学,积极实践,勇于创新。 |

按照形态不同,毛纤维制品染整的加工对象包括散纤维、毛条、毛纱线、毛织物和毛衫等。毛纤维制品的染整过程同其他纤维制品的类似,包括练漂、染色、印花、整理四个基本过程,其中整理是毛织物形成自身独特风格、体现其自身优良性能的重要加工过程,比其他纤维制品的整理过程更特殊,也更复杂。印花加工在设备、工艺上比较特殊,毛织物的印花产品相对较少,本书不做介绍。练漂以去除杂质为主要目的,根据实际含杂情况,可在织造前或织造后进行。

毛织物品种较多,各类毛织物的风格和质量要求不同,对染整工艺要求有相当大的差异,其工艺流程也不同。按照生产工艺的不同,毛织物可以分为精纺毛织物和粗纺毛织物两类。两类毛织物对应的染整工艺流程如下:

精纺毛织物染整的一般工艺流程:

准备→烧毛→煮呢→洗呢→脱水→染色→烘干→中间检查→熟坯修补→刷毛→剪

毛→刷毛→给湿→烫呢→蒸呢→电压→成品分等→卷呢→包装

粗纺毛织物染整的一般工艺流程：

准备→洗呢→脱水→缩呢→复洗→脱水→染色→烘干→中间检查→熟坯修补→起毛→刷毛→剪毛→刷毛→烫呢→蒸呢→成品分等→卷呢→包装

上述染整工艺流程中，毛织物在湿热条件下，借助机械力的作用进行的整理，统称为毛织物的湿整理，包括烧毛、洗呢、煮呢、缩呢和烘呢、定幅等工序；毛织物在干燥状态下进行的整理，统称为毛织物的干整理，包括起毛、剪毛、刷毛、烫呢、蒸呢、电压等工序。

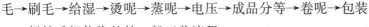

# 任务 2-1　羊 毛 练 漂

## 【学习目标】

| 能力目标 | 知识目标 | 素质目标 |
| --- | --- | --- |
| 1. 初步具备设计与实施毛纤维制品练漂工艺的能力。<br>2. 初步具备羊毛练漂工艺质量评价能力。 | 1. 熟悉羊毛练漂工序组成及加工目的。<br>2. 掌握洗毛、炭化和漂白的方法、原理、常用染化料及设备。<br>3. 掌握洗毛、炭化和漂白工序的工艺参数及影响。<br>4. 熟悉练漂质量评价指标及测试方法。 | 团结协作，勇于实践，自学探究精神。 |

## 工作任务

对给定的原毛、毛坯布进行含杂情况分析。

## 知识准备

从羊身上剪下的未经处理的羊毛，称为原毛。原毛中除羊毛纤维外，还有大量的杂质。羊毛纤维在原毛中的质量百分含量，称为净毛率。原毛所含杂质的种类、含量及性质，随羊的品种、牧区环境及饲养条件的不同而不同。

原毛中的杂质一般分为以下两类：

（1）生理性杂质，包括羊脂、羊汗及羊本身的排泄物。

① 羊脂。羊脂是羊脂肪腺的分泌物，它沾附在羊毛的表面，起着保护羊毛的作用。羊脂的主要成分是高级脂肪酸、高级脂肪醇以及两者结合成的比较复杂的酯类，有些也以游离形式存在。羊脂的熔点为 37～43 ℃。羊的品种、牧场气候及饲养环境不同，羊脂的成分、含量和化学性质也不尽相同。

羊脂不溶于水，只能溶于有机溶剂，如乙醚、四氯化碳、丙酮、苯等。因此，洗毛时可采用有机溶剂洗除原毛中的羊脂。

羊脂中的游离脂肪酸与碱发生皂化反应,生成溶于水的盐。但其中的高级一元醇及其酯类不能皂化,必须使用洗涤剂才能洗除。

② 羊汗。羊汗是由羊的汗腺分泌出来的物质,其主要成分为有机钾盐、钠盐和无机钾盐、钠盐,可溶于水。羊汗呈碱性,有助于洗毛。

(2) 生活环境性杂质,包括草屑、草籽及砂土等。

① 草屑、草籽。植物性杂质如草屑、草籽来自羊的生活环境,不易去除。它们的存在,不但影响纺纱过程,而且影响染整后续加工。

② 砂土。原毛中的砂土来自羊的生活环境,其中含有比例不同的钙盐和镁盐,因此溶于水后,可使水质变硬,不利于洗毛。

原毛中杂质含量一般为 40%~50%,有的甚至高达 80%。原毛由于含有较多的杂质,不能直接用于毛纺生产。羊毛练漂加工的任务,就是利用一系列物理机械的和化学的方法,除去原毛中的各种杂质,使其满足毛纺生产的要求。原毛的练漂包括精练、炭化和漂白。精练俗称洗毛,其作用是除去羊毛纤维中的羊脂、羊汗及砂土等杂质。炭化的目的是去除原毛中的植物性杂质。通过精练和炭化,可使羊毛纤维呈现洁白、松散、柔软及弹性较高等优良品质,保证后续纺织染整加工顺利进行。如果拟生产的产品为浅色或漂白品种,还需要进行漂白加工。

在练漂加工过程中,羊毛要经受化学助剂、机械力、高温等化学和物理机械的作用,使羊毛的品质受到一定影响。练漂半制品质量不仅会影响成品的质量,而且会影响后续染整加工工艺和质量。例如:漂白产品的白度如果不够或不达标,其染色印花产品的鲜艳度会受到影响;毛效如果不好,不仅会影响吸湿透气等服用性能,而且严重影响染色印花的工艺和质量。因此,控制练漂成品及半制品的质量是保证印染成品质量的前提,具有非常重要的意义。

## 任务 2-1-1 洗 毛

### 工作任务

结合给定的原毛、毛坯布含杂情况,设计洗毛工艺。

### 知识准备

洗毛主要是为了除去原毛中的羊脂、羊汗及砂土等杂质。如果洗毛质量得不到保证,将直接影响梳毛、纺纱及织造工序的顺利进行。为使洗毛工作顺利开展,并获得良好的洗毛效果,必须了解原毛中各种杂质的组成及其性质。

羊汗的主要成分能溶于水,羊脂不溶于水,要靠乳化剂或者有机溶剂才能洗除,所以洗毛的主要任务是洗除羊脂。洗毛方法有乳化法、羊汗法、溶剂法及冷冻法等,其中以乳化法应用最为普遍。

### 1. 乳化法

洗毛

羊脂的熔点为 37～43 ℃,在这个温度条件下,羊脂极易被乳化。根据这一性质,洗毛时可选用适当的表面活性剂和助剂,使羊脂乳化,并借助机械作用使其去除。

(1) 乳化法洗毛工艺因素分析。

乳化法洗毛工艺条件包括洗毛用剂、洗毛温度和洗液 pH 值等。这些工艺因素直接影响净洗效果,同时也影响羊毛的强力,因此必须严格控制。

**洗毛用剂**。洗毛用剂包括洗涤剂和助洗剂。洗涤剂主要包括肥皂和合成洗涤剂两类。肥皂洗涤性良好,但易水解生成脂肪酸而降低其洗涤效果,且肥皂遇硬水会生成钙皂、镁皂沉淀。这类沉淀物质黏附在羊毛上,极不容易洗净,故肥皂洗毛必须加纯碱。但碱剂使用不当时,又易损伤羊毛,因此皂碱洗毛已逐渐被淘汰。

目前用于洗毛的主要是合成洗涤剂,常用的有净洗剂 601、净洗剂 ABS、平平加 O 等。这些合成洗涤剂耐硬水,而且可在 pH 值较低甚至酸性条件下洗毛,对羊毛损伤小,洗毛效果好,因而应用比较广泛。

在洗毛溶液中,除加洗涤剂外,还要加入一定量的助洗剂,用以提高洗涤剂的洗涤效果。常用的助洗剂有纯碱、元明粉和氯化钠等电解质。助洗剂的作用原理:一方面使洗涤液中洗涤剂分子易于凝聚,降低洗涤剂的临界胶束浓度,从而降低洗涤剂的使用量;另一方面,助洗剂中的阴离子吸附在羊毛纤维及污垢的表面,提高羊毛与污垢的负电性,因而利于洗涤剂对油污的剥离作用。此外,纯碱还能皂化羊脂中的脂肪酸。

**洗毛温度**。从洗毛效果分析,温度越高,洗毛效果越好。因为温度高可以促进洗液对羊毛的润湿和渗透作用,减小羊脂与羊毛间的亲和力,并促进羊脂的皂化及乳化作用。但是温度高会影响羊毛的弹性和强度,在碱性溶液中羊毛纤维更易受到损伤。因此,洗毛温度的选择既要保证洗涤效果,又要尽量减小对羊毛的损伤。

羊毛纤维在 55 ℃开始逐渐分解,即羊毛的强力、弹性开始发生变化,所以洗毛的温度不宜超过 55 ℃。各洗槽温度的确定,要根据羊毛种类、羊脂的乳化性能、杂质含量及所使用洗涤剂的类别进行综合考虑。一般来讲,第一槽为浸渍槽,作用是以清水润湿羊毛并洗除部分杂质,所以可适当提高温度并加大水流量;第二、第三槽为洗涤槽,温度可视洗毛液 pH 值确定,pH 值高,温度可适当降低;第四、第五槽为漂洗槽,温度可适当降低一些。

**洗毛液的 pH 值**。洗涤液的 pH 值对洗净效果和纤维受损伤的程度有很大的影响。洗液 pH 值越高,洗毛的净洗效果越好,但对羊毛纤维的损伤程度也越大。洗液 pH 值对洗毛质量的影响还与洗液温度密切相关。一般情况下,pH 值小于 8 时,对羊毛的损伤程度很小。pH 值为 10,温度低于 50 ℃时,羊毛纤维所受损伤较小。但温度超过 50 ℃或 pH 值超过 10 时,羊毛纤维将受到不同程度的损伤。因此,洗毛过程中应注意综合控制洗液的 pH 值和温度。

（2）乳化法洗毛工艺方法。

**皂碱洗毛**。皂碱洗毛法即用肥皂做洗涤剂、以纯碱做助洗剂的洗毛方法。洗毛时，肥皂液润湿纤维表面并渗入纤维与羊脂之间，借助机械作用使羊脂及污物脱离纤维，转移到洗液中，形成稳定的乳化体，不再黏附在纤维上。纯碱的作用是维持洗液的 pH 值，抑制肥皂水解，提高净洗效果。

皂碱洗毛时，皂碱的用量应根据羊脂及其他杂质的含量确定。制订洗毛工艺前，需了解原毛中杂质的情况。对于原毛，洗毛前需测试的项目有该类羊毛所含羊脂的熔点、羊脂的乳化性、羊脂含量、砂土含量。肥皂、纯碱的初加量应根据羊毛含脂的乳化性能控制，国产洗毛皂液浓度一般在 0.2% 以下，超过这个浓度，不但乳化能力没有提高，过多的泡沫反而会影响羊毛的洗涤，并且会对羊毛造成损伤。如果水质较硬，可适当增加用碱量。

皂碱洗毛时，洗液 pH 值接近 10 时，最易乳化羊脂。生产中，皂碱洗毛温度应控制在 45～55 ℃，洗液 pH 值应控制在 9 以下。

**合成洗涤剂纯碱洗毛**。此法又称轻碱洗毛。这种方法以合成洗涤剂为净洗剂，以纯碱为助洗剂。纯碱不但可提高合成洗涤剂的净洗效果，而且可以帮助皂化油脂，洗毛时应用比较普遍。羊毛对碱比较敏感，所以在制订洗毛工艺时，需要严格控制工艺参数。

**铵碱洗毛**。采用轻碱洗毛时，残留的碱在烘燥及贮存时，易使羊毛因氧化加速而受到损伤。工艺上可采用铵碱洗毛来克服这一点，就是两个加料槽中前一槽以纯碱为助剂，后一槽以硫酸铵代替纯碱做助洗剂。

硫酸铵可与残留的碱中和，反应式如下：

$$(NH_4)_2SO_4 + Na_2CO_3 \longrightarrow Na_2SO_4 + (NH_4)_2CO_3$$
$$(NH_4)_2CO_3 \longrightarrow 2NH_3 \uparrow + CO_2 \uparrow + H_2O$$

从反应式可以看出，加入的硫酸铵不但去除了羊毛纤维上残留的碱剂，避免损伤羊毛，同时生成的电解质硫酸钠还有助洗作用。加工时，铵碱量取决于第一加料槽的轧余率，通常情况下，硫酸铵与纯碱用量比为 1:3。

**中性洗毛**。中性洗毛以合成洗涤剂为洗净剂，以中性盐做助洗剂。中性洗毛的特点是对水质要求不高，对羊毛损伤小，洗净毛的白度、手感均较好，而且不易引起羊毛纤维的毡结，长期贮存不泛黄。

中性洗毛时，洗涤剂的用量应根据洗涤剂的去油污能力确定，中性盐元明粉用量为 0.1%～0.3%，其主要作用是降低洗涤剂的临界胶束浓度，使其在较低的浓度下发挥良好的净洗作用。中性洗毛时，由于洗液接近中性，所以温度可以高一些，一般控制在 50～60 ℃。

**酸性洗毛**。在日光辐射强度大，气候变化幅度大，土壤含盐、碱较多的高原地带，所产羊毛的羊脂含量低，土杂含量高，如新疆毛。这类羊毛强度低，弹性较差，如用一般碱性洗毛法洗毛，易使净毛发黄毡并，颜色灰暗，洗涤过程中水质变硬，洗液 pH 值不易控制。在洗涤这类羊毛时,可选用合成洗涤剂烷基磺酸钠或烷基苯磺酸钠,在酸性溶液中洗毛。这类羊毛用酸性洗毛法洗毛效果好,且不损伤羊毛,酸剂一般选用醋酸。

(3)乳化法洗毛设备。洗毛设备有耙式洗毛机、喷射式洗毛机等。目前应用较多的是耙式洗毛机,如图 2-1-1 所示。

图 2-1-1　耙式洗毛机

耙式洗毛机由 3～5 只洗毛槽组成。第一槽为浸渍槽,以清水润湿羊毛并洗除部分杂质。国产羊毛的含土量较大,所以可适当提高温度并加大水流量。第二、第三槽为洗涤槽,利用洗涤剂洗除羊毛中的杂质。第四、第五槽为漂洗槽,以清水洗除羊毛中残留的洗涤剂。羊毛在耙式洗毛机中受到三个力的作用:耙齿的拨动、轧轴的挤压及洗液流的冲击。通过这些作用,原毛中所含的砂土、羊汗、羊脂等杂质被去除。

耙式洗毛机属于“毛透过水”型,而喷射式洗毛机属于“水透过毛”型,即洗毛过程中洗涤液喷射透过羊毛,从而减小羊毛的相对运动,避免毡结。这种方法的洗毛时间短,洗毛喂入量较大,其缺点是对含砂土杂质较多的羊毛不太适合。

**2. 羊汗法**

羊汗的主要成分是碳酸钾等盐类,它可与羊脂中的游离脂肪酸反应,生成脂肪酸钾,即软肥皂。因此,洗毛时第一槽不加洗涤剂,也能去除一部分羊脂。生产中可使用高速离心机分离羊汗与污物杂质,将净化后的羊汗再加以利用,不但可以提高洗毛质量,节约肥皂,而且羊毛受到的损伤小,不易毡并。

净化回收的羊汗溶液的 pH 值在 5.5～8.5,由于 pH 值较低,所以洗毛温度可提高。羊汗法洗毛一般使用四只洗槽,前两只为羊汗溶液槽,第三只为皂碱洗液槽,最后一只为清水槽。

**3. 溶剂法**

溶剂法洗毛的基本原理是将开松过的羊毛以己烷、四氯化碳等为溶剂,使羊脂溶解,然后进行有机溶剂的回收并分离出羊脂。脱脂后的羊毛纤维用温水清洗,以去除羊汗及其他杂质,溶剂可以回收利用。

溶剂法洗毛的优点是洗毛质量好,纤维松散,羊毛不发生碱损伤,羊脂回收率高,用水量少且不必处理污水等。其缺点是设备比较复杂,投资费用大,且使用的有机溶剂易燃烧。

### 4. 冷冻法

羊毛耐低温,而羊脂在低温下易凝结,因此,工艺上可采用低温处理羊毛,将羊脂、羊汗等杂质冻结成脆性固体,在机械的作用下,使之与羊毛分离。实际应用中,一般以氨作为冷冻剂,使羊毛在极低的温度下( $-45 \sim -35 \, ℃$ )处理,可去除羊毛中 $35\% \sim 60\%$ 的羊脂。因此,采用冷冻法处理的羊毛,还需经过轻度洗毛,才能达到质量要求。

## 任务 2-1-2 炭 化

### 工作任务

熟悉炭化流程,分析炭化各工序的加工目的和要求。

### 知识准备

在放牧过程中,羊身上常常黏附一些草屑、草籽等植物性杂质,这些杂质有的与羊毛联系不紧密,有的与羊毛缠结在一起,经过选毛、开毛、洗毛工序,可以去掉一部分,但有的经过梳毛也不能完全去掉。这些杂质的存在,不但会影响纺纱加工的质量,而且在染色中还易形成染色疵病,因此,必须经过炭化工序去除。

根据羊毛纤维制品的形态,羊毛的炭化可分为散毛炭化、毛条炭化和匹炭化三种。无论采用哪种方式,其工艺过程均为:浸水→浸轧酸液→脱酸→焙烘→轧炭→中和水洗→烘干。

### 1. 散毛炭化

散毛炭化对羊毛纤维损伤大,炭化后羊毛的手感粗糙、弹性降低,因此,严格控制加工条件是保证毛织物品质的关键。

**浸水**。散毛炭化时,要先将羊毛在室温水中浸渍 $20 \sim 30 \, min$ ,其目的是均匀润湿羊毛,使羊毛进入酸槽后能较快地沉浸到酸液中,并均匀吸酸。浸水时可加入少量的平平加O、烷基磺酸钠等表面活性剂,以促进羊毛润湿。浸水后羊毛含湿量大,需经轧水或脱水加工,以降低羊毛的含湿率,一般使羊毛的含水率控制在30%以下。

为缩短工艺流程,也可以将润湿剂直接加入酸液中,从而省去浸水及脱水工序。

**浸酸**。浸酸是炭化加工的关键工序,浸酸的条件直接影响炭化质量,加工时必须严格控制酸液的浓度、浸酸温度、浸酸时间及带液率等。

从炭化效果看,硫酸浓度越高,炭化效果越好,但羊毛损伤严重。所以,在实际生产

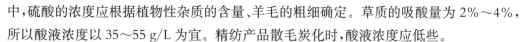

中,硫酸的浓度应根据植物性杂质的含量、羊毛的粗细确定。草质的吸酸量为 2%～4%,所以酸液浓度以 35～55 g/L 为宜。精纺产品散毛炭化时,酸液浓度应低些。

浸酸温度一般为室温,因为提高温度,植物性杂质吸酸量不变,而羊毛的吸酸量增加,也就是说提高温度无助于植物性杂质的吸酸,反而可能造成对羊毛的损伤。

羊毛浸酸时间为 3～5 min,因为草籽吸酸量在 3 min 时可达到饱和,而羊毛的吸酸量会随着时间的增加而增加,因此羊毛在浸酸槽中浸酸 3～5 min 已足够。

在浸酸槽中加入适当的表面活性剂,可以加速酸液的渗透,提高酸液的扩散性,并可降低羊毛结合酸的量,从而提高炭化质量。

**脱酸**。羊毛浸酸后,应将羊毛中多余的酸均匀地去除,这样既可以防止烘干时由于酸液浓缩而损伤羊毛,又可提高烘燥效率。因此,浸酸后的羊毛在烘干前必须进行脱酸。脱酸后的带液率通常控制在 36% 左右,此时羊毛的含酸率在 6% 以下,其中化学结合的含酸率在 4% 以下。

脱酸的方式有轧车脱酸及离心脱酸机脱酸两种。离心脱酸机脱酸属于间歇式生产,劳动强度高,脱酸不均匀,所以很少采用。采用轧车脱酸时,应当控制轧辊压力的大小,因为压力过大,羊毛容易毡并,而压力过小,羊毛带液率高,这会造成羊毛纤维含酸率高,容易损伤羊毛。

**烘干与焙烘**。羊毛浸酸、脱酸后,需经过烘干和焙烘两个阶段。烘干是为了蒸发水分,使羊毛纤维上的稀硫酸变成浓硫酸。烘干时温度应低于 65 ℃,使含液率降到 15% 左右。这样羊毛纤维才能受热均匀,否则烘干温度过高,会使羊毛内部酸液向表面泳移,积累在羊毛表面。高温焙烘时,表面浓缩的酸会使羊毛溶解,表现为羊毛质量损耗大,强力下降甚至消失。

焙烘是在较高温度下,通过浓硫酸的作用,使羊毛纤维中的植物性杂质失水炭化,变成棕黄色或黑黄色的易碎物质。焙烘时温度越高,时间越长,羊毛质量损失越多,损伤越严重。焙烘温度应逐渐提高,粗羊毛的焙烘温度可提高到 105～110 ℃,而细毛的焙烘温度可控制在 100～105 ℃。焙烘时间不宜过长,可根据羊毛的粗细和含杂情况确定,原则上时间越短越好。焙烘后羊毛的含水率要求在 3% 以下,使植物性杂质易于炭化和粉碎。

**轧炭**。焙烘后,羊毛中的纤维素杂质变为焦脆状态,此时,应立即送入碎炭除杂机进行轧炭,否则焦脆的杂质会吸收空气中的水分,变得有韧性而不易被轧碎去除。羊毛经过碎炭机上沟槽罗拉的压轧,植物性杂质被碾碎,然后靠机械力和风力的作用,使碾碎的尘屑脱离羊毛纤维。

**中和水洗**。碎炭除杂后,羊毛上含有一定量的硫酸。如果含酸率大于 1.5%,则必须进行处理,否则在放置过程中羊毛纤维会分解,表现为强力降低、色泽泛黄,并且含酸的羊毛在进行纺织加工时,对设备有腐蚀作用。去除羊毛上的残酸,还可部分地恢复羊毛的强力。

中和水洗可以去除羊毛纤维上的残酸,并且可以进一步洗除炭化后的植物性杂质。羊毛纤维上有物理结合的酸和化学结合的酸,物理结合的酸可通过水洗去除,化学结合的酸必须用碱中和才能去除。中和水洗工序包括水洗(洗酸)、中和、水洗(洗碱)三个部分。

洗酸在中和机上的第一个槽进行,用大流量的清水冲洗,这样既可以节约中和用碱,又可防止中和反应热对含酸羊毛的损伤。冲洗游离酸后,在第二槽进行中和,常用的中和剂是纯碱,它可中和羊毛上化学结合的酸。纯碱的用量为羊毛质量的 3.5%,碱液温度控制在 38~40 ℃。比较细的羊毛吸酸较多,在上述条件下中和会不充分,如果提高用碱量,则会对羊毛纤维不利。实际加工中,可在第三槽中加入氨水以补充中和。氨水能够很快渗入羊毛内部,进一步中和羊毛结合的酸,此槽温度应控制在 35~37 ℃,氨水用量为 1.1% 左右。

纤维上含有盐和碱,既会影响手感又会引起碱损伤,因此中和后要进行水洗,以洗除纤维上残留的盐和碱。清洗槽的溶液 pH 值最好在中性或偏酸性,此槽多为活水,可溢流回第一槽。

**烘干**。中和水洗后的羊毛通常在帘式烘干机上进行烘干,烘干温度细毛控制在 60~70 ℃,而粗毛可控制在 70~75 ℃,烘至规定的回潮率。为使羊毛出机温度降至 25~30 ℃,可在烘干机最后一段加大风量,使羊毛冷却。

散毛炭化加工一般在散毛炭化联合机上进行。图 2-1-2 所示为 LBC061 型散毛炭化联合机。

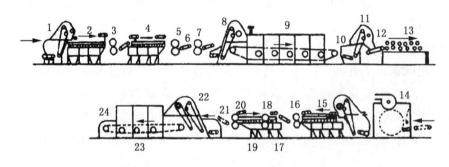

**图 2-1-2　LBC061 型散毛炭化联合机**

1,8,12,14,22—喂毛机　2,4—浸酸槽　3,5,7,16,18,20—轧车　6,10,11,21—输毛帘
9—焙烘机　13—碎炭除尘机　15,17,19—中和槽　23—烘干机　24—出毛口

### 2. 毛条炭化

精梳毛条制造时,一般采用毛条炭化工艺。经过梳毛机和头道针梳机加工的条子,称为"生条"。生条中的纤维疏松,大草刺等杂质已被基本除去,线性杂质被梳成纤维状,因此在炭化时吸酸快,杂质分解也较容易。毛条炭化时,可采用较低浓度的硫酸、较短的浸渍时间和较低的焙烘温度。炭化后的杂质可在后道梳毛过程中去除,故可省去轧炭除

杂工序,直接进行中和水洗。毛条炭化工艺流程如下:

浸水→浸酸(30%,16 s)→轧酸(含液率 28%,含酸率 5%)→烘干(75～80 ℃,1～2 min)→焙烘(90 ℃,1～2 min)→中和水洗→烘干(70 ℃,1 min)

毛条炭化可在毛条复洗机上进行,其占地面积小,相对来讲比较经济。但毛条经过炭化加工后,其纺纱性能下降。

**3. 匹炭化**

匹炭化工艺流程与散毛炭化相同,只是使用的设备有差异。匹炭化可在匹炭联合机上进行连续加工,也可用其他耐酸的染整设备分段加工。

织物首先经轧水,然后在松弛状态下浸酸。酸浓度可控制在 4.4%～6.7%,温度一般为室温,时间可按织物结构、含杂情况及渗透性确定。浸酸时,可在加工液中加入耐酸的渗透剂,既有助于酸液的渗透,又可保护羊毛免受酸损伤。浸酸后用轧辊脱酸,然后进入烘干机进行烘干和焙烘。烘干温度不宜过高,一般在 80～90 ℃。烘干后立即在 100～105 ℃条件下进行短时间焙烘,使植物性杂质变得焦脆易碎。含杂较多的织物,可在干燥的缩呢机中轧压 5～10 min;含杂少的织物,可直接进行中和水洗。中和水洗可在洗呢机上进行,其方法是先用清水冲洗,冲洗至织物含酸率在 2%以下,然后加入 3%左右(对织物质量)已溶解的纯碱溶液,在 30 ℃条件下进行运转中和,最后用室温流动水冲洗,洗至呢坯 pH 值至中性即可。

匹炭化工序的安排分缩呢前炭化、缩呢后染色前炭化和染色后炭化三种。缩呢前炭化适用于含植物性杂质较多、色泽鲜艳的织物,其特点是织物形态较松,酸液易于渗透,但由于织物门幅较宽,焙烘困难,且对羊毛有损伤,其缩绒性下降。缩呢后染色前炭化的特点是缩呢效率不受影响,且可避免染色织物在炭化时色光改变的缺点,但由于织物较紧密,炭化后有残屑,所以不宜染浅色。染色后炭化的特点是染料要具有良好的耐炭化牢度,并且炭化对颜色的鲜艳度有影响,所以一般用于深色品种。目前,大多数工厂的匹炭化在缩呢前进行。

**4. 几种炭化方式的比较**

散毛炭化多用于粗纺产品。散毛炭化对羊毛的损伤较其他炭化方式大,并且成本高,但去杂效果好,加工时可加入羊毛保护剂,以减少对羊毛的损伤。

匹炭化多在洗呢机上进行,所以可节省设备投资。匹炭化一般用于含植物性杂质较少的原料。羊毛纤维是在未经处理的条件下进行纺纱加工的,所以织物的力学性能较好。匹炭化具有一定的局限性,如对含杂较多的产品、混纺织物及需经过缩呢的粗纺织物不适用。呢端编号和边字原料一般为纤维素纤维,烘呢时还要涂上碱液加以保护。

毛条炭化具有较多的优点,由于较大的植物性杂质在梳毛过程中已被除去,所以剩余的只是细小杂质,很容易被炭化去除,因此对羊毛的损伤较小。

# 任务 2-1-3　漂　白

## 工作任务

为给定的毛坯布设计漂白工艺,并进行小样漂白加工。利用白度仪测试漂白效果并给出结果评价。

## 知识准备

羊毛具有天然的淡黄色,并且羊的背部毛的毛梢由于日光的长期照射颜色较深,西北地区的羊毛甚至是棕色或深棕色,会直接影响羊毛的白度,从而影响纯白产品的白度及染色产品的色泽鲜艳度。因此,绝大部分羊毛产品必须经过漂白加工。

羊毛及羊毛织物的漂白方法有氧化漂白、还原漂白及先氧化后还原漂白。某些白色或浅色产品,还需要进行增白处理。

### 1. 漂白方法

**氧化漂白**。氧化漂白利用氧化剂的氧化作用,将羊毛中的色素破坏,使其颜色消失。这种漂白方法的特点是白度持久,不易泛黄,但容易对羊毛造成损伤。因此必须严格控制工艺条件,防止过度氧化造成的手感粗硬和强力下降。氧化漂白不能使用次氯酸钠,它会使羊毛纤维变黄、脆损。常用的氧化漂白剂为过氧化氢(即双氧水)。

**还原漂白**。还原漂白利用还原作用将羊毛中的色素还原,从而使颜色消失。这种漂白方法的特点是对羊毛损伤小,但白度不稳定,长时间和空气接触,易受空气氧化而泛黄。毛纺工业常用的还原漂白剂为漂毛粉,它由60%低亚硫酸钠和40%焦磷酸钠混合组成。

**先氧化后还原漂白**。这种漂白方法又称双漂。双漂工艺同时具有氧化漂白和还原漂白的优点,光泽洁白悦目,漂白效果持久,织物手感好,强度损失小。

**增白**。毛纺产品经过氧化或还原漂白后,常常带有黄光,因此可在漂白过程中同时进行增白。增白后漂白织物更为洁白。毛织物常用的增白剂为荧光增白剂 VBL、增白剂 WG 等。

### 2. 漂白工艺

**过氧化氢漂白**。

① 处方。

| | |
|---|---|
| 双氧水(35%) | 2.3 kg |
| 硅酸钠(相对密度1.4) | 0.7 kg |
| 润湿剂 | 0.1 kg |
| 加水至 | 100 L |

② 操作。用弱碱将漂液调至 pH 值为 8 左右,漂液温度升至 50 ℃左右,将羊毛浸入漂液中保温漂白 6 h 以上,漂毕可降温清洗。

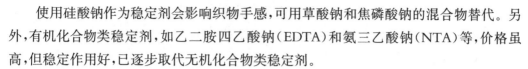

使用硅酸钠作为稳定剂会影响织物手感,可用草酸钠和焦磷酸钠的混合物替代。另外,有机化合物类稳定剂,如乙二胺四乙酸钠（EDTA）和氨三乙酸钠（NTA）等,价格虽高,但稳定作用好,已逐步取代无机化合物类稳定剂。

**还原漂白、增白。**

① 处方。

漂毛粉　　　　　12%～15%（对织物质量）

增白剂 WG　　　0.2%～0.7%（对织物质量）

② 操作。在 30 ℃条件下加入漂毛粉、增白剂,在 40 min 内升温至 75～80 ℃,保温漂白 60 min,然后清洗出机。

采用双漂工艺时,氧漂后必须经充分水洗,然后再进行还原漂白,否则容易漂花。

**3. 漂白常见疵点及产生原因。**

（1）漂白不匀。漂白前洗呢不净,或者温度高、时间短、浴比过小,或者机内温度差异大,都会造成漂白不匀疵点。

（2）油污、色渍。呢坯上油渍未洗净或者漂白前机台、设备各部分清洁工作不到位,往往会使漂白织物产生油污、色渍、针锈等疵点。

## 任务 2-1-4　毛织物练漂质量评价

### 工作任务

对毛织物练漂半成品进行质量指标测试与评价。

### 知识准备

**1. 毛织物的外观质量要求**

毛织物的外观质量主要包括呢面的光泽、白度、光洁性、外观疵点等。其中前三项与棉织物类似,只是程度有所不同。外观疵点主要包括:精梳毛织品中的经向粗纱、细纱、双纱、松纱、紧纱、错纱,呢面局部狭窄,油纱、污纱、异色纱、磨白纱、边撑痕、剪毛痕;缺经、折痕、经档、经向换纱印、边深浅、呢匹两端深浅,条花、色花,刺毛痕、边上破洞、破边、刺毛边、边上磨损、边字发毛、边字残缺、边字严重沾色、漂白织品的边上针锈、针眼、荷叶边、边上稀密;纬向粗纱、细纱、双纱、松纱、紧纱、错纱、换纱印,缺纬、油纱、污纱、异色纱、小辫子纱、稀缝;经纬向的厚段、纬影、严重搭头印、条干不匀、薄段、纬档、织纹错误、蛛网、织稀、斑疵、补洞痕、轧梭痕、大肚纱、吊经条、破洞、严重磨损、毛粒、小粗节、草屑、死毛、小跳花、稀隙,呢面歪斜等。

**2. 内在质量指标**

纺织品的内在质量一般指其物理力学性能及相关的加工性能。它包括:织物的润湿渗透性指标,如毛细管效应值;织物的物理性能指标,如幅宽、密度、质量、缩水率;以及有关力学性能指标,如断裂强力、纤维聚合度等。其中与练漂加工过程关系密切或对产品质量和后加工工艺影响较大的内在质量指标有以下三项:

(1)毛细管效应。

毛细管效应是衡量织物被水润湿渗透效果的物理量。织物的毛细管效应值大,织物吸水、透湿性好,穿着舒适。另外,练漂产品多数还需要进行染色、印花、整理等加工,这些工序都要求织物具有良好的润湿渗透性。织物的毛细管效应除受制于纤维类别、织物组织类型外,还受练漂除杂质量的影响,所以,毛细管效应是非常重要的练漂质量指标。精练之后,毛织物的毛细管效应要达到 8 cm/30 min 以上,具体数值因织物类型不同略有差异。

(2)强度。

练漂加工过程中使用的许多化学试剂都会对纤维强度产生影响。例如,棉织物漂白用的氧化剂、退浆用的碱剂及蚕丝织物精练用的碱剂、还原剂等,它们在对织物练漂去杂的同时,也会不同程度地损伤纤维,造成纤维强度降低。如果工艺控制不当,会造成纤维强度会明显下降,影响后续加工的进行和产品的使用价值,所以强度也是练漂产品的重要指标之一。不同纤维类别和组织类型的织物,其强度指标大小是不同的。

(3)织物缩水率。

织物缩水率不仅与纤维和织物类别有关,还与印染加工中许多工序的工艺条件有关。练漂半成品(尤其是练漂产品)的缩水率是决定纺织品质量等级的重要指标之一。纤维原料种类、织物类型不同,其缩水率的要求有差异,但总体要求是织物的尺寸稳定性要高,缩水率要低。

## 技能训练

## 实验一 毛织物的氧化漂白实验

**一、实验目的**

1. 掌握毛织物漂白工艺方案制订方法。

2. 熟悉毛织物漂白工艺过程。

**二、实验准备**

1. 仪器设备:烧杯、搅拌棒、钢制染杯、量筒、电子天平、广泛试纸、电热恒温水浴锅、药勺。

2. 实验药品:双氧水、硅酸钠、润湿剂。

3. 实验材料:毛坯布两块,规格为 35 cm(经向)×12 cm(纬向)。注:织物规格以漂后能满足后续漂白质量指标(强度、白度)的测试要求确定。

### 三、实验原理

双氧水在一定的碱性条件下分解出 $HO_2^-$，它对羊毛上的色素有破坏作用。但碱性太强，双氧水分解过快，纤维损伤严重。因而对蛋白质类的羊毛纤维进行漂白时，一般用弱碱调节漂液 pH 值至 8 左右。硅酸钠作为碱剂，可以起到稳定双氧水分解的作用，但会影响纤维手感。也可用草酸钠和焦磷酸钠做碱剂。

### 四、工艺方案（参考表 2-1-1）

表 2-1-1 工艺处方

| 工艺处方　　　　试样编号 | 1# | 2# | 3# |
|---|---|---|---|
| 35% $H_2O_2$（g/L） | 20 | 10 | 20 |
| 硅酸钠（g/L） | — | 5 | — |
| 润湿剂（g/L） | 1 | 1 | 1 |

工艺流程及条件：配制漂液→织物浸入漂液（浴比 1:50，50 ℃，3 h）→降温水洗。

### 五、操作步骤

1. 根据工艺处方要求，计算、称量助剂。

2. 配制漂液。在配制器皿中放入所需量的水，放置在水浴锅中加热，然后边搅拌边加入硅酸钠、润湿剂、双氧水，搅匀备用。等待温度升至 50 ℃。

3. 用广泛试纸测试漂液 pH 值，以达到 8 左右为宜。

4. 将试样浸入漂液，保温 3 h。

5. 取出试样，逐步降温水洗，晾干。晾干后即可进行白度、强度指标测试。

### 六、注意事项

后续进行漂白质量测试，测强度时需首先测试未漂试样的强度。

### 七、结果记录（参考表 2-1-2）

表 2-1-2 结果记录

| 实验结果　　　　试样编号 | 1# | 2# | 3# |
|---|---|---|---|
| 白度（%） | | | |
| 漂白前织物强度（N/5 cm） | | | |
| 漂白后织物强度（N/5 cm） | | | |
| 强度损失率（%） | | | |
| 贴样 | | | |

## 实验二　织物白度测试实验

白度仪测
白度

测色仪测
白度

### 一、实验目的

学会利用智能白度测试仪测试织物白度。

### 二、实验准备

仪器设备：智能白度测试仪。

实验材料：未经漂白和漂白后的同类织物各一块，织物尺寸均为 12 cm×24 cm（薄织物则准备尺寸为 18 cm×24 cm 的试样）。

### 三、实验原理

漂白后的织物对光线的反射率增加，白度提高。白度值通过测量试样表面漫反射的辐射亮度与同一辐照条件下完全漫反射的辐照亮度之比获得。

### 四、实验步骤

1. 打开白度仪开关，预热 30 min。

2. 预热完成，将配套黑板放置在测量口，按下"校零"键，至显示器上显示"1"的循环或"0.0"，则校零完成。取下黑板。

3. 取出配套白板，查看白板上标明的白度值，然后将标准置数调至白板上标明的数值；将白板放置在测量口，按下"校准"键，至显示器上显示数值与白板上的白度值相同，则校准完毕。取下白板。

4. 取 12 cm×24 cm 试样一块，折成 6 cm×6 cm 八层；若为薄织物，则依据透光效果，再折，如折成十六层。将折好的试样对光观察，以不透光为宜。

5. 将折好的试样放置在测量口进行测量，读取白度值，做好记录。

6. 每块试样变换不同部位，保持经纬向一致，重复步骤 5，平行测试三次，取其平均值。

### 五、注意事项

1. 采用不同型号的仪器测量得到的白度值存在差异，不具有可比性，因而测量时要注明白度仪的型号。

2. 为避免测量误差，同一对对比样最好用同一台白度仪进行测试。

### 六、结果记录（参考表 2-1-3）

表 2-1-3　白度测试结果记录

| 试样 | 第一次 | 第二次 | 第三次 | 平均值 |
|---|---|---|---|---|
| 未经漂白试样 1# | | | | |
| 漂白试样 2# | | | | |

## 【学习成果检验】

### 一、填空题

1. 原毛中的杂质可以分为_____和_____两类。净毛率是_____在原毛中的质量百分含量。

2. 洗毛可去除_____等杂质，主要去除_____，常用的洗毛方法是_____。

3. 在合成洗涤剂碱法洗毛中，助洗剂常用_____，羊脂的熔点是_____，洗毛温度要_____（>、<或=）羊脂的熔点。洗毛温度一般不能超过_____℃。

4. 炭化的目的是去除原毛中的_____，炭化利用_____对_____的脱水炭化作用，再借助机械作用力将这类杂质去除。

5. 炭化方式包括散毛炭化、_____和匹炭化，其中_____的去杂效果好，但成本高，且易损伤羊毛。

6. 羊毛漂白常用的氧化漂白剂是_____。还原漂白常用_____。_____漂白方法，白度不够持久。

### 二、简答题

1. 影响洗毛质量的工艺因素有哪些？做简要分析。
2. 列表比较几种炭化方式的优缺点。

### 三、工艺题

试写出羊毛氧化漂白的一般工艺。

# 任务 2-2　羊毛制品的染色

## 【学习目标】

| 能力目标 | 知识目标 | 素质目标 |
| --- | --- | --- |
| 1. 初步具备羊毛制品染色工艺设计与实施的能力。<br>2. 具备染色质量评价能力。 | 1. 熟悉羊毛制品染色常用设备、染料及方法。<br>2. 掌握羊毛制品酸性、活性染料染色工艺。<br>3. 掌握染色质量评价指标。 | 树立绿色发展理念，尊重科学规律，培养创新意识。 |

某印染企业具有羊毛制品染整加工生产线，化验室工艺员小贺接到一批精纺纯毛织物染色生产订单，颜色包括红色、棕色、绿色，根据订单要求，染色加工后织物的皂洗色牢度和摩擦色牢度要达到3级以上。小贺研究客户要求和生产条件后，开始制订生产工艺方案。

如果你是小贺，你应该具备哪些知识和能力，才能胜任这一任务？

## 任务 2-2-1　羊毛纤维制品染色基础认知

【学习目标】

| 能力目标 | 知识目标 | 素质目标 |
|---|---|---|
| 能够根据客户要求选择合适的毛纤维制品染色用染料。 | 1. 熟悉蛋白质纤维基本结构和性质特点。<br>2. 掌握羊毛制品染色常用染料类别。<br>3. 熟悉羊毛制品染色常用设备及适用情况。 | 分析和解决问题的能力,协作与交流的能力。 |

### 工作任务

认知羊毛制品染色常用染料及设备。

### 知识准备

羊毛和蚕丝是典型的天然蛋白质纤维,本书以这两种纤维为代表介绍蛋白质纤维制品的染色工艺。

**1. 蛋白质纤维分子结构和性质**

蛋白质的元素组成主要为碳、氢、氧、氮,另外,还含有少量硫、磷、铁、铜、锌和碘等元素。蛋白质水解的最终产物是氨基酸,因此蛋白质的组成单元是氨基酸。天然氨基酸有20种多种,它们的共同点是都属于 α- 氨基酸。

由于 α- 碳原子上的侧基 R 不同,形成了不同种类的 α- 氨基酸。大量的 α- 氨基酸彼此以酰胺键连接,形成的蛋白质大分子的骨架称主链,同时氨基酸上的 R 基构成了大分子的侧基。蛋白质分子间及同一分子内,以二硫键、氢键及盐式键相互连接(这些力统称副键),使角朊大分子形成网状结构。在湿、热、外力等外界条件作用下,蛋白质内副键发生断裂、再结合等变化,使蛋白质形态结构发生改变。

蛋白质的化学性质主要由侧链上的酸性基团和碱性基团的种类及数量决定,如氨基使之具有碱性,其表现为纤维可以吸酸;羧基可使纤维具有酸性,其表现为纤维可以吸碱。

羊毛纤维的主要成分是角蛋白,它是由 20 种不同的 α- 氨基酸缩合而成的链状大分子,分子呈 α- 螺旋结构。羊毛纤维蛋白中主要的侧基 R 包括:

羧基类(—COOH),如谷氨酸(14.41%)、天门冬氨酸(6.65%)。

含硫类(—S—S—、—SH),如胱氨酸(12.02%),半胱氨酸等。

羟基类(—OH),如丝氨酸(9.66%)、苏氨酸(6.54%)等。

氨基类(—NH—、—NH₂),如精氨酸(9.58%)、赖氨酸(3.22%)等。

蚕丝纤维蛋白是由 18 种不同的 α- 氨基酸缩合而成的链状大分子。蚕丝纤维蛋白的主要侧基 R 包括：

非极性侧基类（—CH—），如乙氨酸（42.8%）、丙氨酸（32.4%）。

羧基类（—COOH），如丝氨酸（14.7%）、酪氨酸（11.8%）。

含硫类（—S—S—、—SH），如胱氨酸（12.02%）、半胱氨酸等。

两类纤维的结构中，氨基酸组成的种类差别不大，因此其性质接近。但不同种类氨基酸的含量差别大，其中羊毛纤维蛋白中极性侧基丰富，性质较蚕丝纤维活泼。

蛋白质分子具有酸碱两性性质，在不同 pH 值的溶液中发生如下变化：

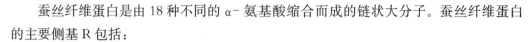

$$H_3^+N—P—COOH \xrightleftharpoons[H^+]{OH^-} H_2N—P—COOH \xrightleftharpoons[H^+]{OH^-} H_2N—P—COO^-$$

$$H_3^+N—P—COO^-$$

（1）溶液 pH＜Pl　　　（2）溶液 pH＝Pl　　　（3）溶液 pH＞Pl

**2. 蛋白质纤维制品染色用染料的选择**

在不同的 pH 值下，蛋白质的带电状态不同，使得蛋白质纤维吸附的染料类型也不同。蛋白质分子呈电中性状态时的溶液 pH 值称为等电点，用 PI 表示。

（1）溶液 pH＜PI。

在溶液 pH＜PI 时，蛋白质呈阳离子状态，可吸附带有负电荷的染料母体，纤维与染料之间形成离子键。理论上，阴离子型的酸性染料、酸性媒染染料等均可上染蛋白质纤维。

（2）溶液 pH＞PI。

在溶液 pH＞PI 时，蛋白质呈阴离子状态，可吸附带有正电荷的染料母体。理论上阳离子染料及碱性染料均可用于蛋白质纤维的染色，但在实际应用时，各项牢度均很差，加之碱性溶液中，蛋白质大分子盐式键易被拆散，二硫键及肽键易被水解，所以在生产中基本不用。

（3）溶液 pH＝PI。

当溶液 pH＝PI 时，纤维基本呈电中性状态，可选用亲和力大的直接染料进行染色。由于直接染料结构中含有亲水性基团，染色产品水洗牢度较差，通常需用固色剂进行后处理。直接染料色谱齐全，价格低廉，使用方便，但因其色泽不够鲜艳，主要用于弥补酸性染料染真丝时色谱方面的不足，尤其适合染深色，如墨绿、深棕、黑色等。

（4）蛋白质纤维大分子中的"染座"。

蛋白质纤维大分子中含有—OH、—NH$_2$ 等活泼基团，这些基团可与活性染料的活性基反应形成共价键，所以活性染料可用于蛋白质纤维的染色。活性染料也称反应性染料，结构中含有活性基，能与纤维以共价键形式结合，染色牢度较好，且色光鲜艳。目前活性染料在羊毛和蚕丝制品染色中的应用越来越多。

### 3. 羊毛染色方式及染色设备

根据羊毛制品的形态不同,羊毛染色方式分散毛染色、毛条染色和织物染色(匹染)三种。染色加工对毛织物的前处理要求较高,如果织物练漂不匀或有杂质,则易在染色时出现疵点。散毛染色对匀染要求较低,工艺比较容易控制。一般纯毛素色织物,如精纺华达呢、女式呢、粗纺麦尔登、制服呢等大多采用织物染色;精纺花呢多采用毛条染色;而粗纺花呢、大衣呢、毛毯等多采用散毛染色。混纺织物需采用针对不同纤维组分套染的方式,有时也可同浴染色。

(1)散毛染色机。

散毛染色机主要用于散纤维的染色。图2-2-1所示为 NC464B 型散毛染色机结构和实物。

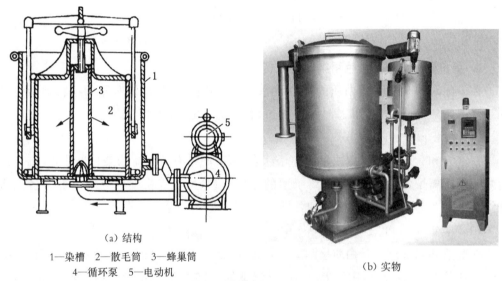

（a）结构
1—染槽  2—散毛筒  3—蜂巢筒
4—循环泵  5—电动机
（b）实物
**图 2-2-1  NC464B 型散毛染色机结构和实物**

染色时,染液由散毛筒的轴芯喷出,通过纤维,再经循环泵,由里向外做单向循环,所以染色效果好。

运转操作:开车时将散毛筒装入染槽,再将洗净的散毛装入散毛筒,边装边用冷水均匀润湿。装好后压紧顶盖,开动循环泵,调节水量,按顺序加入染液及助染剂,按一定速度升温,开始染色。染色完毕,放掉残液,用清水循环洗涤,然后吊起散毛筒,取出散毛进行脱水。

(2)毛球染色机。

毛球染色机主要用于化纤毛条的染色。图2-2-2所示为 N462 型毛球染色机。

运转操作:将毛条制成毛球后装入毛球筒,然后旋紧筒盖,利用循环泵使染液自毛球筒外穿过筒壁孔眼进入毛球,再进入毛球筒芯,从其上部喷射出来,如此反复循环。染色完毕,放掉残液,用冷水洗涤,最后出机。

（3）绳状染呢机。

绳状染呢机可染纯毛或毛混纺织物。图 2-2-3 所示为国产 JN38 型绳状染呢机实物图。

绳状染呢机染色时，呢坯为松式绳状。国产 JN38 型绳状染呢机采用崭新的染液循环系统、储布槽及双级喷咀，织物可在低浴比（如 1 : 5）下畅顺运行，染色效果好、耗能低、废液排放量少、加工成本低。

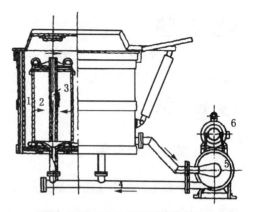

图 2-2-2　N462 型毛球染色机

1—染槽　2—毛球筒　3—蜂巢管
4—染液循环管　5—循环泵　6—电动机

图 2-2-3　国产 JN38 型绳状染呢机实物图

## 任务 2-2-2　羊毛制品染色工艺

### 【学习目标】

| 能力目标 | 知识目标 | 素质目标 |
| --- | --- | --- |
| 1. 能够设计羊毛制品酸性染料、活性染料染色工艺。<br>2. 能够对毛制品染色效果进行评价。 | 1. 熟悉酸性染料、酸性媒染染料、金属络合染料和活性染料染毛的特点。<br>2. 掌握羊毛制品酸性染料染色过程、工艺参数及质量控制要点。<br>3. 熟悉羊毛制品酸性媒染染料、金属络合染料和活性染料的染色方法、条件及质量控制要点。 | 严谨认真的态度，自学探究精神，实践创新精神，协作与交流的能力。 |

### 工作任务

根据来样要求,要染一批鲜艳红色羊毛织物,皂洗色牢度要求在 3 级以上,试选择合适的染料,并设计染色工艺。

### 知识准备

## 一、酸性染料染色

酸性染料是结构上带酸性基团的水溶性染料。酸性染料水溶性的大小与所含的水溶性基团($-SO_3Na$、$-COONa$)的数量有关,溶于水后呈阴离子状态。绝大多数酸性染料含有磺酸基,极少数的含有羧酸基,以磺酸钠盐和羧酸钠盐的形式存在。酸性染料品种多,色谱齐全,颜色鲜艳,其湿处理牢度和日晒牢度随品种不同而有较大的差异。一般具有蒽醌结构的染料的日晒牢度较好,而三芳甲烷结构的染料的日晒牢度很差。

酸性染料分子较小,对纤维素纤维的直接性低,不能对棉、麻、黏胶纤维上染。酸性染料主要用于羊毛、蚕丝等蛋白质纤维和聚酰胺纤维的染色,也可用于皮革、纸张、食品的着色。

按染色性能,酸性染料可分强酸浴酸性染料、弱酸浴酸性染料和中性浴酸性染料。

强酸浴酸性染料简称强酸性染料,必须在强酸性染液中进行染色,这种染料分子结构简单,分子中含磺酸基比例较大,溶解度高,对纤维亲和力低,染色时在纤维上重新分配的能力高,即移染性强,但这类染料湿处理牢度差,不耐洗缩及煮呢等加工。

弱酸性染料染羊毛需要在弱酸性染液中进行。相对来讲,这种染料的分子结构较为复杂,分子中磺酸基所占比例较低,因而溶解度也差一些,但其对羊毛的亲和力较高,易被纤维吸附,染料在纤维上重新分配的能力较低,所以匀染性较差。

中性浴酸性染料简称中性浴染料,该染料染色时需要在 pH 值近中性的染液中进行。这类染料相对前两种酸性染料来说分子结构更为复杂,磺酸基所占比例更低,溶解度更小。这类染料对羊毛纤维亲和力高,湿处理牢度好,但是在纤维上重新分配的能力差,所以匀染性很低。不同类型酸性染料染色性能的比较见表 2-2-1。

表 2-2-1　不同类型酸性染料染色性能比较

| 染色性能 | 染料类别 | | |
| --- | --- | --- | --- |
| | 强酸性染料 | 弱酸性染料 | 中性浴染料 |
| 分子结构 | 结构简单,分子量小 | 中等 | 结构复杂,分子量大 |
| 染料溶解性 | 好 | 中等 | 差 |
| 移染性 | 好 | 一般 | 差 |

（续表）

| 染色性能 | 染料类别 | | |
|---|---|---|---|
| | 强酸性染料 | 弱酸性染料 | 中性浴染料 |
| 匀染性 | 好 | 一般 | 差 |
| 湿处理牢度 | 差 | 中等 | 好 |
| 调节 pH 值的酸剂 | 硫酸 | 醋酸 | 硫酸铵或醋酸铵 |
| 染液 pH 值 | 2～4 | 4～6 | 6～7 |
| 与纤维结合形式 | 离子键 | 范德华力、氢键、离子键 | 范德华力、氢键 |

### （一）酸性染料染羊毛机理

羊毛纤维分子链上含有氨基和羧基，具有两性性质，羊毛纤维等电点为 4.2～4.8。在酸性浴中，羊毛纤维分子结构中的羧基电离被抑制，而氨基被离子化，结果使羊毛带有阳电荷：

$$\underset{\underset{COO^-}{\overset{\overset{+}{NH_3}}{\big|}}}{W} \quad \underset{H^+}{\rightleftharpoons} \quad \underset{\underset{COOH}{\overset{\overset{+}{NH_3}}{\big|}}}{W}$$

在酸性染料的染液中，存在电解质阴离子（如 $Cl^-$）以及染料阴离子，它们与纤维阳离子都产生静电引力。电解质阴离子比染料阴离子的体积小、扩散速度快，所以先被纤维吸附。随着染色过程的继续，当染料阴离子靠近羊毛纤维时，由于它与羊毛纤维之间具有更大的亲和力，可以取代电解质阴离子而与羊毛纤维结合，过程如下：

$$\underset{\underset{COOH}{\overset{\overset{+}{NH_3}}{\big|}}}{W} + Cl^- \rightleftharpoons \underset{\underset{COOH}{\overset{\overset{+}{NH_3\,Cl^-}}{\big|}}}{W} \overset{D^-}{\rightleftharpoons} \underset{\underset{COOH}{\overset{\overset{+}{NH_3\,D^-}}{\big|}}}{W} + Cl^-$$

由上述反应式可以看出，羊毛用酸性染料染色，发生的是定位吸附，因而具有一定的饱和值。但当 pH<1 时，羊毛纤维会发生超当量吸附，这是因为在强酸条件下，羊毛中的酰胺基也开始吸附氢离子：

$$—CONH— + H^+ \rightleftharpoons —CONH_2^+—$$

由此产生更多的染座，同时强酸促使酰胺键水解，生成更多的氨基和羧基，促使上染量增加。

试验发现，即使染料浓度很低，染料阴离子取代电解质阴离子的作用也很明显，因为这种离子间的吸附作用不单纯是静电力吸附。染料阴离子之所以能取代电解质阴离子，是因为它与纤维分子之间除静电引力外，还存在其他形式的结合力，如分子间引力，这促使较小的电解质阴离子不断地被取代。就染色机理来说，酸性染料染羊毛时，染料与纤维间存在两种不同的吸引力：一是染料中带有负电荷的色素离子 D—SO$_3^-$ 与纤维分子中带有正电荷的氨基—NH$_3^+$ 发生盐式键结合；二是染料与纤维间的分子引力。从上述反应可以看出：染液的酸性越强，溶液中的 H$^+$ 越多，纤维上的氨基离子化越多，对染料阴离子的吸引力就越大，因此在染色过程中，加酸起促染作用。如果加入食盐，可增加溶液中电解质阴离子的浓度，这样会使染料阴离子与羊毛纤维结合的机会减少，同时必然延缓染料阴离子的交换作用，因此加盐可起缓染作用。

由于 SO$_4^{2-}$ 较 Cl$^-$ 的缓染作用大，所以加元明粉比加食盐对纤维的亲和力大。通过这种缓染作用，可提高染料的移染性，获得匀染效果，但加入量过多，会起剥色作用。染液中各种离子浓度在染色过程中的变化如图 2-2-4 所示。

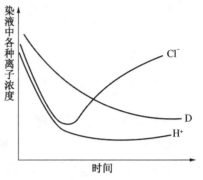

图 2-2-4　酸性紫红 6R 染羊毛时各种
离子浓度随时间的变化

（染料浓度 0.1%，温度 50 ℃，
浴比 1∶50，所加酸为盐酸）

## （二）酸性染料染色质量影响因素

### 1. 染液 pH 值

染液的 pH 值是影响酸性染料染色质量的重要因素之一。以羊毛染色为例，由于不同染料对纤维的亲和力不同，上染时所需的染液 pH 值不同。当染液 pH 值较低时，羊毛纤维分子提供的染座较多，因此降低染液 pH 值可促进羊毛染色。由此可见，在染色加工过程中，通过控制染液的 pH 值可控制酸性染料的上染速度。为达到匀染目的，同时保证染料被吸尽，可将酸分几次加入。根据染料与羊毛纤维的亲和力不同，选用不同的酸促染，如强酸性染料染色用硫酸，弱酸性染料染色用醋酸，中性浴染料染色采用醋酸铵或硫酸铵。

酸性染料上染时，为保证染色质量，染液 pH 值必须严格控制。弱酸性染料的移染性差，如果在染液 pH 值较低时上染，则染料很快会被羊毛纤维吸附，甚至造成染料分子聚集，在羊毛纤维表面形成超当量吸附，很难再扩散进纤维内部。因此，染色时染液应保持弱酸性条件，即染液 pH 值 4～6。中性浴酸性染料对羊毛的亲和力更高，移染性更差，所以在加有硫酸铵或醋酸铵的近中性浴中染色。入染时，由于染液 pH 值较高，染料与纤维带同性电荷，相互之间存在静电斥力，染料靠亲和力均匀上染，随着染液温度的提高，铵盐分解释放出酸，染液酸性逐渐加强，上染速率逐渐加快。

### 2. 电解质

羊毛纤维染色时，加入电解质的作用随染液 pH 值不同而有差异。常用的电解质盐有食盐、元明粉。染液 pH 值在等电点以下时，纤维分子与染料分子呈相异电荷，羊毛纤维分子与染料分子多以离子键结合。此时加入电解质，起缓染作用。当染液 pH 值高于等电点时，纤维分子与染料分子呈相同电荷，羊毛纤维分子与染料分子之间存在斥力作用,羊毛纤维分子与染料分子主要以分子间力(范德华力和氢键)结合,此时加入电解质反而起促染作用。在工艺上,当染液 pH 值在 5 以下,染浅色时应酌情多加电解质,染深色时少加或不加;而染液 pH 值在 5 以上时,为获得匀染效果,同时保证染料被吸尽,染浅色时要少加电解质,而染深色时应酌情多加电解质。

**3. 温度**

温度是影响上染过程的又一个重要因素,温度不仅影响染料在染液中的聚集状态,同时也影响染料向纤维内的扩散速率。弱酸性染料及中性浴酸性染料分子结构复杂,染料间聚集倾向大,室温时染料多以胶体状态存在,需要较高的起染温度来降低染料的聚集倾向,保证染料均匀上染。强酸性染料分子结构简单,初染温度一般控制在 30~40 ℃;弱酸性染料初染温度一般为 50~60 ℃;中性浴酸性染料初染温度一般为 60~70 ℃。强酸性染料由于其移染性能较好,上染过程中如发生染色不匀现象,可采用延长沸染时间的方法补救。对于弱酸性染料和中性浴酸性染料来说,产生染色不匀后延长沸染时间没有效果,所以必须严格控制始染温度、升温过程和电解质的加入过程,避免产生染色不匀。

羊毛纤维外层是紧密的鳞片层,染料难以扩散通过,因此羊毛染色需要较高的温度和较长的时间,才能达到染色要求。但是,长时间高温沸染会损伤羊毛,所以工艺上通常采用逐步升温,使升温速率和上染速率相适应,然后通过沸染促使染料扩散的方法进行染色。

**(三) 酸性染料的染色方法**

**1. 强酸性染料染色**

强酸浴酸性染料简称强酸性染料,由于其分子小,结构简单,分子中的磺酸基较多,对纤维的亲和力较小,染色时需加强酸(如 $H_2SO_4$)促染,在 pH = 2~4 的染液中进行染色。强酸性染料色谱齐全,色泽鲜艳美观,价格低廉,但该类染料水洗牢度差且酸剂存在腐蚀性,实际应用不多,仅用于染不经常水洗的毛产品。

(1) 深色处方(对织物质量):

| | |
|---|---|
| 染料 | $x$ |
| 元明粉(结晶) | 10%~20% |
| 硫酸(98%) | 2%~4% |
| 浴比 | 1:20 |

(2) 升温工艺曲线:

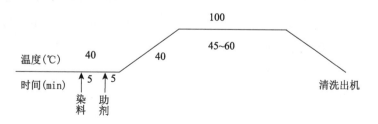

（3）操作：首先按照染料的性能用冷水、温水或醋酸打浆，再用温水或沸水稀释、过滤。将染液配至规定浴比，然后升温至40℃（个别染料可为30℃），开车运转5 min，使被染物充分润湿，加入助剂（元明粉及酸），待染物运转均匀后再加入染液，运转5 min后升温染色。升温速度按染料上染速率、蒸汽提供情况确定，而沸染时间根据染料的上染程度掌握。需要注意中间加酸时应关闭蒸汽降温，待运转均匀后再升温沸染。染色完成后降温清洗出机。

**2. 弱酸性染料染色**

弱酸浴酸性染料简称弱酸性染料，分子结构比强酸性染料复杂，分子中含磺酸基比例较小，水溶性较低，在染液中聚集倾向较大，始染温度稍高（50℃左右）。弱酸性染料上染羊毛亲和力较大而移染性较差，所以染色时必须控制染液的pH值。弱酸性染料染液的pH值通常控制在4～6。这类染料色泽鲜艳，日晒、皂洗牢度较好。

（1）染色处方（对织物质量）：

| | |
|---|---|
| 染料 | $x$ |
| 元明粉（结晶） | 10%～15% |
| 醋酸（98%） | 0.5%～2% |
| 匀染剂 | 0～0.5% |

（2）升温工艺曲线：

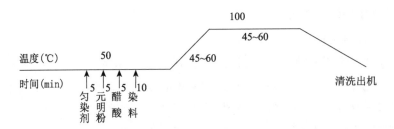

（3）操作：染料用冷水打浆后，加沸水稀释。染色时要严格控制染液的pH值和升温速率，因为低温时染料聚集倾向较大，所以入染温度较强酸性染料高，而升温速度要慢一些。对于上色快、匀染性差的染料，酸可分两次加入，起染时加入总量的一半，沸染30 min后降温加入另一半，升温后继续沸染。染毕降温清洗出机。

**3. 中性浴酸性染料染色**

中性浴酸性染料分子结构复杂，磺酸基在染料分子中所占比例更小，因而溶解性更差。由于染料对纤维的亲和力更高，所以中性浴酸性染料的移染性更差。常用醋酸铵或硫酸铵调节染液pH值为6～7，此时染液中加入元明粉起促染作用。中性浴酸性染料湿处理牢度好，主要用于粗纺毛织物的染色。

（1）染色处方（对织物质量）：

| | |
|---|---|
| 染料 | $x$ |
| 硫酸铵 | 1%～3% |

| （或醋酸铵） | （2%～4%） |
| 匀染剂 | 0.3% |
| 红矾钠 | 0.25%～0.5% |
| 浴比 | 1∶20 |

（2）升温工艺曲线

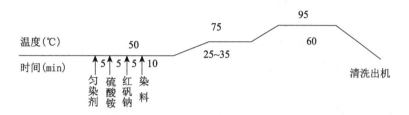

（3）操作：中性浴酸性染料对 $Ca^{2+}$、$Mg^{2+}$、$Fe^{3+}$、$Cu^{2+}$ 等金属离子敏感，易结块，宜使用软水溶解。打浆时可加入扩散剂，打浆后用沸水溶解，助染剂硫酸铵、醋酸铵要用冷水溶解。某些中性浴酸性染料对还原作用敏感，沸染后织物泛红，色光萎暗，加入少量红矾钠可克服。染色温度不高于 95 ℃。

中性浴酸性染料匀染性差，对碱敏感，且染色不匀后很难补救，因此用这类染料染色时，待染织物要洗匀洗净，不能残留碱，否则容易产生染色疵病。

如果羊毛织物在染色前经过了加工处理，其染色性能将发生变化，例如经过炭化、漂白或氯化防缩处理后，毛鳞片层受到不同程度的破坏，染色性能得到改善。

## 二、酸性媒染染料染色

酸性媒染染料具有酸性染料的基本结构，含有磺酸基等水溶性基团，能溶于水，在酸性染液中对羊毛具有亲和力。同时，酸性媒染染料还含有能与金属离子结合的基团，如羧基、氨基等。染色过程中，酸性媒染染料、金属离子与纤维之间形成具有复杂结构的络合物，从而完成染料在纤维上的固着。

酸性媒染染料的匀染性良好，媒染后具有较高的日晒、皂洗、水洗色牢度，并且具有良好的耐缩绒性，成本低，色泽丰满，是羊毛染色的重要染料。酸性媒染染料色泽不如酸性染料鲜艳，由于媒染后才显色，所以较难控制色光的重现性。许多天然染料具有酸性媒染染料的特征，如石榴皮色素、茶色素，媒染后色泽浓郁。

### （一）酸性媒染染料的染色机理

酸性媒染染料用不同的金属盐做媒染剂，可以获得不同的色泽。红矾钠（重铬酸钠）价格相对较低，经铬盐处理后，染色牢度也较高，但由于铬金属对人体有生理毒性，目前已经很少使用。目前生产中可用的有生态性相对较好的铁盐、镁盐等。

本部分以铬盐为例介绍媒染机理。染色时常用后媒法，即染料在酸性溶液中被纤维吸附，进一步扩散进入纤维内部，然后用媒染剂处理。在铬盐处理时，纤维、染料与三价铬反应生成结构复杂的络合物,从而完成染色过程。由于络合物形成于纤维内部,染料分子增大,染料与纤维间的结合力增强,使染色牢度显著提高。羊毛纤维分子、染料分子及铬原子三者的结合方式如下:

此外,染料上的磺酸基还可与羊毛上的氨基形成离子键结合。

染色时使用的媒染剂为重铬酸盐,有时也用铬酸盐,两者随着溶液 pH 值的不同而相互转化:

$$Na_2Cr_2O_7 + 2NaOH \longrightarrow 2Na_2CrO_4 + H_2O$$

$$2Na_2CrO_4 + H_2SO_4 \longrightarrow Na_2Cr_2O_7 + Na_2SO_4 + H_2O$$

由上述反应式可看出,在溶液 pH 值较高时,主要以铬酸根离子形式存在,而溶液 pH 值较低时,则主要以重铬酸根离子存在。

重铬酸根离子和铬酸根离子都可与羊毛上离子化的氨基发生盐式键结合,它们对羊毛的亲和力与硫酸根($—SO_4^{2-}$)一样,比氯离子高。染色时,染液的 pH 值越低,羊毛对这些离子的吸附速度越快,这样容易造成染色不匀,而且在高温条件下,重铬酸盐的强氧化性容易使羊毛纤维受到损伤,所以染色时,染液的 pH 值不宜过低。

在温度低于 60 ℃时,媒染剂与羊毛纤维间的络合反应很缓慢,提高温度,可提高反应速率。为了获得匀染效果,在媒染处理时,缓慢升温,使纤维对媒染剂的吸附更均匀,然后经沸煮完成还原、络合过程。铬媒处理的时间要足够,以保证染料充分发色。

实际与染料形成络合物的是三价铬离子。媒染剂中六价铬的还原,主要依靠羊毛中二硫键的作用。在酸性条件下,二硫键可直接使重铬酸根离子还原;而在碱性条件下,二硫键容易被水解,其水解产物的还原能力更强。在加热条件下,还原过程中产生的三价铬离子逐步和羊毛发生络合。铬离子的还原过程比较复杂。一般认为,六价铬首先被还原成四价铬,而后被还原成二价铬,二价铬与羊毛中的羧基迅速结合形成络合物,这种二价铬的络合物再被空气氧化,成为三价铬的络合物。其反应式如下:

$$Cr_2O_7^{2-} + 14H^+ + 6e^- \longrightarrow 2Cr^{3+} + 7H_2O$$

由上述反应式可以看出,反应会消耗大量的氢离子,所以随着反应的进行溶液的 pH 值会显著提高。媒染作用要在酸性介质中进行,染液 pH 值升高,将会妨碍重铬酸(或铬酸)盐的吸附和氧化作用,所以加酸可以起促染作用。工艺上,可在染液中加入一些具有

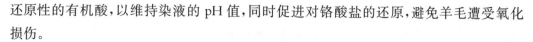

还原性的有机酸,以维持染液的 pH 值,同时促进对铬酸盐的还原,避免羊毛遭受氧化损伤。

媒染过程中参与络合物生成的是三价铬,而六价铬需经过一系列的反应才生成三价铬,尽管这样,媒染剂仍选用六价铬。这是因为媒染处理时,羊毛对六价铬的吸附比较均匀,而且络合反应的完成也比直接用三价铬快。实验结果可以证明这一结论:25 ℃条件下,让三价铬与羊毛反应到平衡需要 8~9 个月,而六价铬只需要 140 h;60 ℃时,这种反应达到平衡,三价铬需要 2 个月,而六价铬只需要 90 min。

**(二) 酸性媒染染料染色方法**

酸性媒染染料染色时,根据媒染剂处理和染料上染的先后次序可分预媒法、同媒法和后媒法三种。本部分以重铬酸钠为媒染剂介绍染色工艺。

**1. 预媒法**

预媒法是一种很古老的染色方法,常用于天然染料的染色。天然染料对纤维的亲和力小,染色前需先用媒染剂处理。染料上染前,被染物先在媒染液中处理,经洗涤后再染色。染色前的洗涤必须充分,否则易形成过重的浮色。染色尽量在媒染处理后立即进行,例如重铬酸盐做媒染剂时,如果放置过久,未络合的媒染剂会使羊毛氧化脆损。

预媒法的优点是仿色容易,但过程复杂、耗时长、成本高、对羊毛损伤大,所以现在已很少采用。预媒法参考工艺如下:

(1) 媒染处方(o. w. f.)。

　　　　红矾钠　　　　　　　　　　1.5%

　　　　蚁酸　　　　　　　　　　　(85%)

(2) 染色处方(o. w. f.)。

　　　　酸性媒染染料　　　　　　　$x$

　　　　醋酸(98%)　　　　　　　　0.3%~1%

(3) 操作。铬媒处理起始温度为 50 ℃,然后以每分钟 1 ℃的速度升温至沸,沸煮 90 min,充分洗涤后,放入染液中染色。染色始染温度 50~60 ℃,升温至沸,沸染 60~90 min,然后降温清洗出机。

**2. 同媒法**

有些酸性媒染染料可以和媒染剂同浴上染、络合,这种方法称为同媒法。染色时,染料吸附、铬媒吸附、络合这几个过程是同时进行的。同媒法染色时,染液中有大量的媒染剂存在,染料需在媒染剂溶液中有较好的溶解度和上染能力,且两者不能过早络合。同媒法的优点是将染色和媒染处理两个过程一步完成,成本低,工艺流程短,操作简单,并且对羊毛损伤小。由于被染物色光显示早,所以对样方便,色光容易控制。同媒法的缺点是对染料要求高,并且由于染色时染液 pH 值较高,所以羊毛对染料的吸尽性不好。由于上染和络合是同时进行的,染料在羊毛纤维内的扩散不充分,染深色时,摩擦色牢度不好,同媒法适用于染中、浅色。同媒法参考工艺如下:

(1)染液处方(o. w. f.)。

| | |
|---|---|
| 染料 | $x$ |
| 红矾钠 | 0.3%～0.5% |
| 硫酸铵(或醋酸铵) | 2%～5% |

在染呢坯、绞纱或筒子纱时,可加入元明粉(10%)和渗透剂(0.25～0.5 g/L)。

(2)操作。先在50～60℃的红矾钠和硫酸铵溶液中使被染物走匀,再加入已溶解、过滤好的染料,在30～60 min内升温至沸,沸染45～90 min。染深色时,可在染色结束前20～30 min降温,加适量醋酸促染,然后升温沸染,完成染色。

同媒法采用铬酸盐和硫酸铵作媒染剂,在染色过程中生成铬酸铵,并继续反应放出氨气,染液的pH值可维持在6.5～8。反应式如下:

$$Na_2CrO_4 + (NH_4)_2SO_4 \longrightarrow Na_2SO_4 + (NH_4)_2CrO_4$$

$$(NH_4)_2CrO_4 + 2H_2O \longrightarrow H_2CrO_4 + 2NH_4OH$$

$$NH_4OH \xrightarrow{\triangle} NH_3\uparrow + H_2O$$

### 3. 后媒法

后媒法是先染色,再用媒染剂处理。染色时,在染液中加醋酸使染料被羊毛吸尽,然后再加红矾钠媒染。因为染料的上染和铬媒处理是分两步完成的,所以染料上染率高,吸附扩散均匀,可染各种深浅的颜色。

后媒法的优点是染色牢度好,染后有优良的耐缩绒、耐皂洗色牢度,在之后的整理加工中色光变化小。因为染料上染时没有与媒染剂络合,染料分子在纤维上扩散均匀,故后媒法染色的匀染性和透染性均好,但得色较暗,工艺路线长,耗能多,另外,最终色泽要在铬媒处理、充分络合后才能完全显示,所以对样及仿色困难。如果充分掌握所用染料的染色性能,并严格执行工艺,仿色的困难是可以克服的。后媒法参考工艺如下:

(1)染色处方(o. w. f.)。

| | |
|---|---|
| 酸性媒染染料 | $x$ |
| 匀染剂 | 0.3%～0.5% |
| 结晶元明粉 | 10% |
| 醋酸98%(浅、中色) | 1.5%～3% |
| 硫酸(98%)(深色) | 1.2%～1.4% |
| 浴比 | 1:20 |
| pH值 | 4.5 左右 |
| 媒染:红矾钠 | 染料用量的25%～50% |
| 硫酸(98%)(深色) | 0.1%～0.2% |

（2）升温工艺曲线。

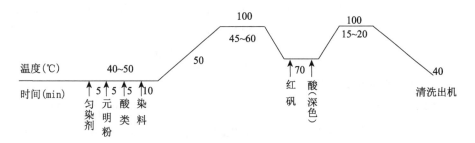

染深色时，酸可分两次加入，第二次加酸可在沸染 30 min 后，将染液降温至 70 ℃，在 10 min 内加入（用量为染色时酸用量的 20%～40%）。

（3）操作。染深色时要在织物充分走匀后，依次加入各种化学药品，运转 10 min 后升温，升温速度应视染料对纤维亲和力大小、匀染性好坏而定。沸染后自然降温至 70 ℃，加入酸和媒染液，再升温沸染，沸染时间要足够，使络合充分，最终获得理想的色泽和染色牢度。染中、浅色时，染液 pH 值可控制在 5 左右；染深色时，染液 pH 值可控制在 4.5 左右。

酸性媒染染料染羊毛时，如发生染色不匀，难以补救，所以必须严格控制染液 pH 值和升温速率，保证匀染。

用酸性媒染染料染染色时，残液中的六价铬浓度较高，会对环境造成污染，同时，羊毛的纺纱性、手感和弹性也受到影响。为减少污染，降低或消除残液中的铬，可以采取以下措施：

① 使染料尽可能吸尽，减少后媒处理时染液中染料的残留量。

加红矾钠前，不宜加或少加元明粉，可选用对染料吸尽影响小且合适的匀染剂，并在不影响匀染的前提下，加入适量的有机酸，以提高染料的吸尽率。如果染料最终未吸尽，可放去染液，补充清水，使后媒处理时染液较清，减少浮色。

② 采用最低铬用量，以防止染液中铬离子过剩。

一般根据染料的纯度和相对分子质量，按 2 个染料分子和 1 个铬原子形成络合物的比例关系，计算出红矾钠用量的理论铬系数，则红矾钠用量 ＝ 染料用量 × 铬系数。在此基础上，再考虑浴比、氨基吸附铬离子等因素，通过实验确定实际应用铬系数。

## 三、金属络合染料染色

酸性媒染染料虽然具有良好的染色牢度，但工艺复杂，色泽萎暗。采用后媒法染色时，需要经过染色和媒染两个步骤才能完成，工艺耗时较长，产品色光不易控制，并且媒染处理后排出大量的含铬污水，给生产带来很多问题。为了简化工艺，在酸性媒染染料的基础上发展了金属络合染料。根据染料索引和中国染料分类，金属络合染料是酸性染料的一个系列，染料分子中含有络合的金属原子，可直接用于羊毛纤维染色，无需再进行媒染处理。

金属络合染料的染色方法与酸性染料相似,操作简便,染料对纤维亲和力强,色泽比较鲜艳,染品的日晒色牢度和水洗色牢度较好,但匀染性差。根据染料分子和金属原子络合比例的不同,金属络合染料可分为 1∶1 型和 1∶2 型两类。

**(一) 1∶1 型金属络合染料的染色**

1∶1 型金属络合染料由 1 个染料分子和 1 个金属原子络合而成,因为需要在酸性条件下染色,所以又称之为酸性络合染料。这类染料易溶于水,对羊毛亲和力高,染料和纤维的结合方式与染料的结构和染色方法有关,一般有以下几种情形:

(1) 染料分子中的磺酸基与纤维上离子化的氨基以盐式键结合。

(2) 纤维上未离子化的氨基与铬原子形成配位键(或配价键)结合。

(3) 羊毛上的羧基阴离子与铬原子形成共价键结合。

(4) 染料分子与纤维形成氢键和范德华力结合。

**1. 影响染色的因素**

(1) 染液 pH 值。染色时 $H^+$ 浓度的增加可抑制羊毛上羧基的电离,减少与铬原子形成的共价键。另外氨基可以充分离子化,降低与铬原子间形成配位键的能力,这样可防止染料过快过早地与纤维络合,以获得理想的匀染效果,所以,较低的染液 pH 值可起到缓染作用。染色完毕,用清水冲洗毛织物,提高织物的 pH 值,染料中的铬原子便可以和羊毛形成共价键和配位键结合。

染色时若采用浓硫酸,用酸量不超过 8%(o.w.f.)。大量的浓硫酸在长时间沸染的情况下,对羊毛的损伤很大,为了降低染液中氢离子的浓度,减少对羊毛的损伤,增进匀染效果,可在染液中加 2%(o.w.f.)左右的非离子表面活性剂作为匀染剂,并将硫酸用量降至 4%(o.w.f.)左右。匀染剂与染料分子结合,形成一种不稳定的聚集体,在沸染过程中,聚集体缓慢分解,释放出染料并完成对纤维的染色,这一过程可降低染料的上染速度,增进匀染效果。

另外,染色浴比不仅影响染料浓度,对染液的 pH 值也有一定的影响,所以实际操作中,硫酸用量除了按羊毛质量的百分比计算以外,还应根据浴比大小进行相应的增减。某些含有硝基的染料如酸性含媒黑 WA,在强酸性染液中沸染结构容易遭到破坏,可用蚁酸代替部分硫酸。

(2) 染色温度与沸染时间。酸性络合染料与羊毛纤维的结合比较复杂,染料的染色性能也有很大的差异,有的染料在 40 ℃时上染很快,而有的染料在 70 ℃才开始上染,因此,始染温度和升温速率必须依照染料的性能加以调节和控制。染色时要沸染,且沸染时间不能少于 75 min。只有这样,染料与纤维才能络合完全,使染料充分发色,并获得良好的匀染效果。如果沸染时间过长,羊毛损伤较重,且成品手感变粗糙,色光也发生变化。

**2. 染色后处理方法**

酸性络合染料染色时使用大量的酸,染色后羊毛纤维残留部分硫酸,这些酸只靠水洗很难彻底洗净,所以需要进行中和处理。一般冲洗到 pH 值为 4.0 左右时再加碱中和,否则不但严重影响色光,而且也增加碱的使用量。中和后水洗液 pH 值控制在 7.0 左右为宜。此时,染物抽出液的 pH 值为 5.5 左右,如果过低,会使蒸呢包布脆损,且呢坯在贮藏过程中易受损伤。中和用碱剂的用量与染后残液的 pH 值有关。常用的中和方法有纯碱法、氨水法、醋酸钠法等,其中纯碱法成本低,生产中采用较多。

**3. 染色方法**

(1) 染色处方。

① 单用硫酸染色:

| | |
|---|---|
| 染料 | $x$ |
| 硫酸(98%) | 8%（o. w. f.） |
| pH 值 | 1.9～2.1 |

② 用硫酸加匀染剂染色:

| | |
|---|---|
| 染料 | $x$ |
| 硫酸(98%) | 4%（o. w. f.） |
| 匀染剂 | 1.5%（o. w. f.） |
| pH 值 | 2.2～2.4 |

(2) 中和液处方。

| | |
|---|---|
| 纯碱 | 1.5%～2%(o. w. f.) |
| 或醋酸钠 | 3%～4%(o. w. f.) |
| 或氨水 | 2%～2.5%(o. w. f.) |

如果采用硫酸加匀染剂的染色方法,中和时碱量应适当降低。

(3) 操作。毛织物在 40 ℃清水中走匀,充分润湿后加入染料溶液,运转均匀后升温。始染温度的确定应根据染料的性能、色泽浓淡而定,如浅色可在 40 ℃起染,深色可 60～70 ℃起染。升温速度根据染料的性能确定,原则是保证染料被均匀吸附。沸染时间必须要足够,否则会影响染料的发色及色牢度。

1∶1 型酸性络合染料的日晒、水洗、汗渍等色牢度均好,但由于染色时需用大量的浓硫酸,硫酸的存在不但会使羊毛受到损伤,还影响织物手感、光泽和强度,设备也易被腐蚀,因此 1∶1 型酸性络合染料现已较少应用。

**(二) 1∶2 型金属络合染料(中性染料)的染色**

1∶2 型金属络合染料是由 2 个染料分子和 1 个金属原子络合而成,在中性浴或弱酸浴中染色,简称中性染料。中性染料的结构主要是两个偶氮染料分子与一个铬或钴金属原子形成的络合物,在偶氮基的邻位有两个可供络合的羟基、羧基或氨基,并有磺酸胺基、甲砜基等水溶性基团,结构中还常引入磺酸基、羧基等水溶性基团,以提高染料的溶解度。中性染料的耐日晒色牢度和湿处理色牢度高,但色泽鲜艳度不高,主要用于染灰、黑等深色,也有黄、橙等少数鲜艳颜色的染料。

中性染料的染色机理与中性浴酸性染料很相似,染料与纤维的结合力主要是氢键和范德华力。染色初始时,染液 pH 值为 6～7,用于调节染液 pH 值的助剂为硫酸铵或醋酸铵。

温度对上染速率的影响很大。当温度升高到一定范围后,中性染料的上染速率急剧增高。因为温度低于某一范围时,染料聚集程度较高,而当温度超过这一范围时,聚集程度急剧下降。所以染色时要严格控制升温速率,以获得较好的匀染性。

上染速率与染液 pH 值、染色温度及所用助剂等工艺因素有关,染色时应根据染料特性控制好这些因素。

**1. 染色方法**

| | |
|---|---|
| 染料 | $x$ |
| 硫酸铵 | 1%～4%(对织物质量) |
| 匀染剂 | 0.2%～0.5%(对织物质量) |
| 元明粉 | 0～10%(对织物质量) |
| 浴比 | 1:(15～20) |
| pH 值 | 6～7 |

**2. 升温工艺曲线**

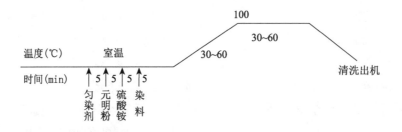

## 四、活性染料染色

活性染料分子结构中含有水溶性基团及反应性基团。以活性染料染色过程中,染料上的活性基与纤维上的羟基、氨基等活泼基团反应形成共价键,使染料分子成为纤维大分子的一部分,所以染成品具有良好的耐洗色牢度。活性染料色谱齐全、色泽鲜艳,匀染性好,价格便宜,而且应用方便,已成为蛋白质纤维制品染色的主要染料之一。

活性染料的化学结构主要包括染料母体和活性基两部分。染料母体结构决定了染料的色调、鲜艳度、日晒牢度以及染料的直接性大小,而活性基团赋予染料固色反应能力。活性染料的母体结构大部分与酸性染料相似,少部分与酸性含媒染料相似,主要有偶氮类、蒽醌类、酞菁类等。

活性染料的化学结构可用以下通式表示：

$$W—D—B—R$$

其中：W——水溶性基团；

D——染料母体，即发色基团；

B——桥基，即染料母体与活性基团的连接基；

R——活性基，即反应基团。

羊毛制品活
性染料染色

### (一) 活性染料分类

常用活性染料按活性基团的不同，主要分以下几类：

#### 1. 均三嗪类

(1) 二氯均三嗪型。

染料含有两个可被取代的活泼氯原子，国产的 X 型活性染料属于这一类。这类染料反应活性高，稳定性差，属于低温型活性染料，固色温度在 20～30 ℃，缺点是贮存时遇湿热条件易分解，匀染性差，现已被中高温型活性染料取代。

(2) 一氯均三嗪型。

染料结构中用—NHR(或烷氧基)代替了二氯均三嗪环上的一个氯原子，反应性降低，稳定性提高，需要高温、较强碱条件下固色，属于这类的有国产 K 型活性染料。这类染料属于高温型活性染料，固色温度一般在 90 ℃ 左右。

(3) 一氟均三嗪型。

活性基结构是用氟原子代替一氯均三嗪上的氯原子，染料的反应性提高，固色率提高，各项色牢度也相应提高，固色后染料剥除比较难。

#### 2. 乙烯砜类

这类染料的活性基是乙烯砜。商品染料一般制成性能比较稳定的 β-羟乙基砜硫酸酯，在碱性条件下染色时脱去硫酸酯基形成乙烯砜，再通过亲核加成反应与纤维形成共价键。活性艳蓝 R、国产 KN 型活性染料就属于乙烯砜基活性染料。这类染料耐酸不耐碱，色泽鲜艳，反应性介于 X 型和 K 型之间，固色温度在 60～70 ℃，属于中温型活性染料。

#### 3. 卤代嘧啶类

这类染料与纤维的反应能力较高，结合键比较稳定，不易水解，固色率也较高。根据嘧啶环中卤素原子的种类和数目不同，又分为三氯嘧啶及二氟一氯嘧啶等几类。三氯嘧啶染料的反应性低，稳定性高，不易水解，耐酸耐高温，可以在 90 ℃ 下染色，与纤维反应生成酯键，普遍比较耐碱。二氟一氯嘧啶染料是在三氯嘧啶染料的基础上，用两个氟代替两个氯而形成的，稳定性和牢度更高，反应性也更高，属于中等反应活性染料，且固色率高，是染料中的高端产品。

#### 4. 二氯喹恶啉类

这类染料反应活泼，可低温(40～50 ℃)固色，但在酸性条件下，活性基易水解。属于这类的有 Levafix E 型染料。

**5. 复合活性基类**

为了提高活性染料的固色率,可以在结构中引入两个或多个活性基。单活性基染料的固色率一般在 50%～70%,复合活性基染料的固色率可达 80%～90%。复合活性基的染料结构大,对纤维亲和力高,为便于去除浮色,通常在结构中引入多个水溶性基团。

(1) 一氯均三嗪和乙烯砜双活性基型。

这类双活性基染料如国产 M 型、ME 型、B 型等,两个活性基的优势互补,克服了均三嗪型染料与纤维成键耐酸性差、乙烯砜型染料与纤维成键耐碱性差的缺点。以这类染料染色,色泽鲜艳、固色率高、反应性强,固色温度在 50～80 ℃。

(2) 一氟均三嗪和乙烯砜双活性基型。

该类型染料比一氯均三嗪与乙烯砜双活性基型反应活性更高,染料直接性低、溶解度高、反应性强、移染性与易洗涤性能均优于普通活性染料,耐碱、耐过氧化物,皂洗色牢度和摩擦色牢度高。

(3) 双一氯均三嗪型。

属于这类的有国产 KE 型、KP 型及部分 KD 型活性染料,外企产品如 Dystar 公司的 Procion SP 型。这类染料亲和力、固色率高,扩散性、移染性、匀染性好、色牢度高,适合 80 ℃、90 ℃染色,成键耐碱性好。根据活性基的位置分双侧型、架桥型和单侧型,前两种染料直接性高,常用于竭染法染色,而单侧型染料如国产 KP 型染料,分子共平面性差,直接性较低,常用于印花。

此外,还有双一氟均三嗪型、一个一氯均三嗪加两个乙烯砜基型。并非活性基越多,染料的染色性能越好,具体要结合染料的固色率、反应性、匀染性、色泽、浮色去除难易程度等综合考虑。

其他类型如 a-卤代丙烯酰胺类活性染料主要用于羊毛、蚕丝等蛋白质纤维的染色。由于有 C ═C 双键和卤素活性基,染料与纤维反应性较强,染色牢度好。国产毛用 PW 型、瑞士汽巴精化生产的兰纳素 Lanasol(Br)就属此类染料。

**(二) 活性染料染色机理**

活性染料除了用于纤维素纤维的染色,还可用于羊毛纤维的染色。因为羊毛纤维不仅含有羧基,还含有能与活性基团反应的氨基和硫醇基,并且氨基含量较大,反应性较高。活性染料染羊毛过程与染纤维素纤维过程基本一致。

(1) 吸附扩散。染料首先被吸附在纤维表面,并向纤维内部扩散。

(2) 固色。在一定条件下,染料与纤维发生化学反应形成共价键结合。

(3) 水洗。洗掉已水解或尚未反应的染料。

根据活性染料活性基类型的不同,活性染料和羊毛纤维的反应有以下几种:

## 1. 取代

羊毛纤维与二氯均三嗪型活性染料发生亲核取代反应形成共价键，反应过程如下：

$$D-NH \overset{\text{Cl}}{\underset{\text{Cl}}{\triangle}} \xrightarrow[-HCl]{W-NH_2} D-NH \overset{\text{Cl}}{\underset{\text{Cl}}{\triangle}} NH-W \xrightarrow[-HCl]{W-NH_2} D-NH \overset{}{\underset{\text{NHW}}{\triangle}} NH-W$$

## 2. 加成

羊毛纤维与乙烯砜型活性染料发生加成反应形成共价键，反应过程如下：

$$D-SO_2C_2H_4OSO_3H \xrightarrow{80\ ℃} D-SO_2CH=CH_2 \xrightarrow{W-NH_2} D-SO_2CH_2CH_2-NHW$$

## 3. 取代、加成双重反应

α–溴代丙烯酰胺型（如兰纳素 Lanasol 染料）活性染料与纤维即能发生加成，也能发生取代反应。反应过程如下：

$$D-NH-\overset{O}{\overset{\|}{C}}-\overset{Br}{\overset{|}{C}}=CH_2 \begin{cases} \nearrow \text{加成} \\ \\ \searrow \text{取代} \end{cases}$$

$$\rightarrow D-NH-\overset{O}{\overset{\|}{C}}-\overset{Br}{\overset{|}{C}}H-CH_2-NHW$$

$$\rightarrow D-NH-\overset{O}{\overset{\|}{C}}-\overset{NHW}{\overset{|}{C}}=CH_2$$

$$\rightarrow D-NH-\overset{O}{\overset{\|}{C}}-\overset{N-W}{\overset{}{CH-CH_2}}$$

α–溴代丙烯酰胺型活性染料的反应能力高、色泽鲜艳，各项牢度也好，但匀染性较差，染色时可加入匀染剂。

活性染料染羊毛可以在酸性介质中发生吸附作用，由于羊毛纤维被鳞片层覆盖，染料向纤维内部扩散较慢，所以需要较高的温度。而升高温度，染料的水解反应也会加剧，这样不但造成染料的浪费，而且会产生浮色。此外，由于温度较高，反应过于迅速，势必会造成染色不匀，所以用活性染料染羊毛应选择适当的活性染料和染色条件。

在染料与纤维的键合反应中占主导地位的氨基和活性染料主要形成酰胺键

（$-\overset{O}{\overset{\|}{C}}-NH-W$ ）和亚胺键（$-SO_2C_2H_4NH-W$ ），W 指羊毛纤维。这两种键都比较稳定，与活性染料染纤维素纤维形成的酯键或醚键相比，具有较高的耐洗性。所以羊毛制品用活性染料染色，其主要问题在于提高固色率和匀染性，并注意染后的冲洗。

活性染料染羊毛时的匀染性，比活性染料染纤维素纤维时差，因为前者的吸附作用类似于羊毛对弱酸浴酸性染料的吸附，所以染色时应严格执行工艺，并要选择适当的匀染剂。活性染料使用的匀染剂一般由季铵盐和聚氧乙烯醚合成，它们实际上都通过缓染作用来达到目的。染色后要充分水洗，目的是洗去未和纤维键合的染料，包括已水解的和没有与纤维反应的染料。这些染料如不洗净，会影响染色织物的色牢度。由于羊毛纤维不耐碱，所以不宜采用高温碱性皂洗，可采用稀氨水冲洗。

### （三）活性染料染色方法举例

活性染料染色因染料品种不同，染色性能差异很大。例如德国赫斯特公司生产的赫斯托伦(Hostalan)，其活性基上 N—甲基氨基乙磺酸衍生物沸染时才产生乙烯砜：

$$D—SO_2C_2H_4—\underset{\underset{CH_3}{|}}{N}—C_2H_4SO_3H \xrightarrow{95\sim100\,℃} D—SO_2CH=CH_2 + \underset{\underset{CH_3}{|}}{N}HC_2H_4SO_3H$$

$$D—SO_2CH=CH_2 \xrightarrow{W—NH_2} D—SO_2CH_2CH_2—NHW$$

所以，这类染料通过控制羊毛与活性染料的反应速度，就可控制匀染性，使用比较方便。兰纳素染料相对来说活泼性高，所以应当控制升温速度。

### 1. 染色处方举例（对织物质量）

| | 浅色 | 中色 | 深色 |
| --- | --- | --- | --- |
| 染料 | 1%以下 | 1.5%～2% | 3%以上 |
| 硫酸铵 | 4% | 4% | 4% |
| 醋酸(80%) | 0.5%～0.8% | 1%～1.5% | 2%～2.4% |
| 匀染剂（阿贝加 B） | 1% | 1% | 1.5% |
| 元明粉 | 10% | 5% | — |
| pH 值 | 6～7 | 5.3～6 | 4.5～5.3 |

### 2. 后处理

染深色时，可用稀氨水冲洗未固着的染料。

| | |
| --- | --- |
| 氨水(25%) | 2%～6% |
| pH 值 | 8.5 |
| 温度 | 60～80 ℃ |

### 3. 操作

散毛与毛条用活性染料染色时，操作上相对简单，按照染料特性升温沸染，不需要中间保温。但对于绞纱及织物染色，为保证匀染性，中间应保温 15～20 min。羊毛染色时起染温度均为 50 ℃，50 ℃条件下将染物运转 5 min 走匀，然后加入助剂，运转5 min 后加入染料，定匀后 20 min 内升温至 70 ℃，保温 15～20 min，然后如 30 min 内升温至沸，按颜色深浅保温染 30～90 min，换水降温至 80 ℃，用氨水冲洗 15～20 min，最后清洗出机。

## 任务 2-2-3  羊毛制品染色质量评价

【学习目标】

| 能力目标 | 知识目标 | 素质目标 |
|---|---|---|
| 初步具备毛织物染色质量分析与评价能力。 | 1. 熟悉染色质量评价指标。<br>2. 熟悉毛织物常见染色疵病,了解其产生原因。 | 严谨认真的态度;自学探究精神;协作与交流能力。 |

### 工作任务

对染后的毛织物样品进行染色质量评价。

### 知识准备

## 一、质量要求

对染色产品进行质量控制,首先要对产品质量提出要求,按要求和相应的标准进行质量测试与评价。质量评价的目的是保证产品的质量,使产品的品质满足客户要求。织物染色质量指标包括外观质量指标和内在质量指标。羊毛纤维制品的染色质量要求与普通染色织物基本相同。

### (一) 外观质量指标

外观质量指标主要包括色泽、匀染性和染色疵点。

**1. 色泽**

无论是纤维、纱线还是织物,其色泽评价方法都是一样的。颜色的三要素即色相(色调)、饱和度(纯度或彩度)、明度,也称为颜色的三个基本属性。用颜色的三要素来评价产品的色泽,准确而方便。

色相又称色调,指某种颜色的名称。色相是色与色之间的主要区别,如红色、黄色、蓝色,指的就是色相。饱和度又称纯度,是指颜色的鲜艳程度。明度是指颜色的明暗差异。

颜色的三要素是相互关联、不可分割的,任何色泽只要确定了色相、饱和度和明度,就可以准确地判断出颜色。倘若颜色的三要素中有一个不同,就表现出不同的色泽。

在染整企业生产中,依据客户要求,通常在一定的条件下,如日光或白炽灯照射下,仿色试样与来样色泽一致,可认为色样合格。某些企业,要求用测色仪测定色差,当染色样与客户来样的色差在允许范围内时,认为是合格产品。

**2. 匀染**

匀染是经染色加工后,被染物表观色泽均匀一致的现象。印染生产中,染色对象主要有织物、纱线、散纤维、成衣等，一般要求获得良好的匀染性。另外，染后要求染色产品无色渍、色花、条花、色点、深浅边等疵病，扎染工艺除外。

### (二) 内在质量指标

**1. 透染性**

所谓透染性是指织物内外、纤维内外染色均匀一致，即达到内外颜色相同的现象。

**2. 色牢度**

染色牢度是指染色产品经受外界各种因素的作用，能保持原来色泽不变的能力。依据经受的外界条件和应用场景不同，染色牢度分为耐日晒色牢度、耐皂洗色牢度、耐汗渍色牢度、耐摩擦色牢度、耐熨烫升华色牢度、耐热压色牢度、耐气候色牢度等。部分产品在染后还要经过其他处理，如织物染色后，还要经复漂加工，所用染料需要具有耐漂色牢度。染色产品的用途不同，对染色牢度的要求也不同。纺织品常见色牢度的测定都有相应的测试标准。以耐皂洗色牢度为例，测试标准有 GB/T 3921—2008、AATCC 61—2010、ISO 105—C01：1985（E）等。

## 二、毛织物常见染色疵病分析

影响染色产品质量的因素很多，主要有前道工序质量、设备、染化料、工艺方法、操作人员、生产管理等因素，染色疵病的出现有时还具有偶然性。在分析染色产品质量问题时，要从各个方面进行综合考虑与分析，逐一排查，找出问题出现的真正原因，以便解决问题，避免再次发生。

为解决毛织物染色时出现的问题，技术人员一方面要加强理论学习，能进行质量问题的科学分析；另一方面，要注重日常生产经验的总结与积累。

毛织物染色疵点以色花、条痕居多，以下重点介绍这两种疵点的产生原因：

**1. 色花**

包括条形的条花及片形的云斑花。这类疵点产生的原因如下：

(1) 前道工序的加工质量不佳。

① 洗呢不净，留有片状污垢。皂碱加入不当，羊毛有损伤。冲洗不净，残留杂质或洗呢残液。缝头不整齐。

② 煮呢不匀。张力不匀，产生水印等。

③ 缩呢不匀。运转时呢坯相对运动少，缩呢剂浇洒不匀或有碱剂残留等。

(2) 染色工操作存在问题。

① 起色不当，上染速率相差过大，或泳移过慢，产生色花。拼染时尤其需要注意。

② 染料溶解不充分或染液未过滤。

③ 升温速率和始染温度控制不当。

④ 染液 pH 值控制不当。

⑤ 染色操作中加料过早或不匀。散毛、毛条装入不匀,染液循环不畅。浴比不合适,过小,染液循环不匀;过大,织物漂浮,容易缠结。染色后,设备未洗净。染色后的织物长时间受压放置,引起渗化。另外,屋顶滴水也会造成花斑。

**2. 条花**

绳染机本身的加工形式就容易使织物产生条花,主要原因如下:

(1) 前道工序的加工质量不佳。

① 洗呢有擦痕。洗后不明显,不易发现,但染后可看出。

② 煮呢不够,折痕未展平,部分织物在染后还需煮呢。

(2) 染色工序。

① 缝头不平,对接不齐,织物受到拉伸而形成折痕,染后形成条花。正反面相接错误,周转中打卷不舒展,造成染色条花。

② 染色设备装车时,各匹长度相差过多或相互纠缠。

③ 染布量过多,浴比过小,使得织物构象难以变位,织物受到拉伸,形成固定折痕。

④ 花篮滚筒打滑,且与前辊之间的角度及速度配合均有问题(二者速度应一致且呈45°角),织物拉伸过大。染槽弧度不佳或不光滑,引起织物下滑不畅,相互叠压。

⑤ 染后降温冲洗过快或冷水直冲织物,使绳状织物定形。

**3. 油污、色斑及沾色**

(1) 前道工序的加工质量不佳。

① 油污洗涤不净。洗油污时摩擦重,织物表面发毛,洗后未冲洗干净或未立即水洗。

② 洗呢或缩呢后,未将污物及皂碱洗净或呢坯打滑擦伤。

(2) 染色及其他。

① 染料的染色牢度过低。

② 在染槽附近进行染料打浆操作,染液喷溅,造成织物沾染。

③ 带色纤维、黏稠染料黏附织物,染槽清洁不够造成沾色。另外,助剂与染料的结合物也会引起沾污。

④ 染色时蒸汽管中存水未排尽,机罩滴水;染后织物堆置时,屋顶滴水,都会造成色斑。

⑤ 花篮滚筒轴瓦加油过多,油渍渗出沾污织物。

**4. 色差**

色差是指同一缸织物或各缸同类织物之间色光不一致。产生色差问题:一是由于工艺设计不佳;二是由于工艺操作和生产管理不当。色差控制水平往往代表着该厂染色的技术水平。色差产生的主要原因如下:

① 染料或助剂的力份和成分不稳定,且未加强检验。

② 染色坯布质量、水质等不稳定。

③ 蒸汽不足或不稳定。

④ 设备控制不良,存在跑、冒、滴、漏等,难以使染色条件一致。

⑤ 工艺条件控制不够严格,如加料、控温、控时、冲洗等,既有量的问题,也有质的问题。

## 技能训练

## 实验三　强酸性染料染色实验

### 一、实验目的

1．掌握强酸性染料染色原理。

2．学会酸性染料染色工艺操作方法。

3．了解酸、电解质在强酸性染料染色中的作用。

### 二、实验准备

1．仪器设备：烧杯、搅拌棒、钢制染杯、量筒、吸量管、温度计、电子天平、广泛试纸、电热恒温水浴锅、药匙。

2．实验药品：强酸性染料、硫酸、醋酸。

3．实验材料：毛织物 4 块或毛纱线 4 份,每份重 1 g。

4．染料母液制备：染液浓度 2 g/L。

### 三、实验原理

强酸性染料色泽鲜艳、结构简单,在水中电离呈阴离子状态,与纤维间的分子间力小。染色时用酸调节 pH 值在 2～4,此时,羊毛纤维分子上带正电荷,染料阴离子靠静电引力上染纤维。酸在强酸性染料染色时起促染作用;而中性电解质(如元明粉)的加入,使硫酸根阴离子浓度增加,并抢先与羊毛纤维分子上的正电荷结合,延缓染料的上染,起到缓染作用。

### 四、工艺方案(参考表 2-2-2)

表 2-2-2　工艺处方

| 试样编号<br>工艺处方 | 1# | 2# | 3# | 4# |
|---|---|---|---|---|
| 强酸性染料(o.w.f.,%) | 2 | 2 | 2 | 2 |
| 98%硫酸(mL/L) | 1.5 | 1.5 | — | — |
| 冰醋酸(mL/L) | — | — | 2 | — |
| 元明粉(g/L) | — | 5 | — | — |
| 浴比 | 1:100 | | | |

升温工艺曲线：

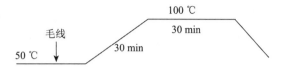

## 五、实验步骤

1．打开水浴锅电源，设置始染温度为 50 ℃。将待染试样放于水浴中润湿。

2．根据实验方案处方，分别配制 4 个染液，并放置于水浴锅中加热。

3．用广泛试纸测定各染液的 pH 值。

4．将事先润湿的毛织物取出，挤干水分后，分别投入 4 个染液中，按照升温曲线过程进行染色。

5．染后取出织物，水冲洗，晾干。

### 注意事项：

1．实验过程中，注意不时用搅拌棒搅拌，避免被染试样浮出液面，保证染色均匀。

2．实验中，染杯可以加盖表面皿或水浴锅盖，防止染液蒸发。

## 六、实验结果

表 2-2-3　实验结果

| 试样编号　　实验结果 | 1# | 2# | 3# | 4# |
|---|---|---|---|---|
| 贴样 | | | | |
| 结果分析 | | | | |

# 实验四　耐洗色牢度测试实验

## 一、实验目的

1．了解耐洗色牢度测试原理及影响因素。

2．学会耐洗色牢度测试方法。

3．了解耐洗色牢度测试标准 GB/T 3921—2008。

## 二、实验准备

1．仪器设备：烧杯、量筒、电子天平、耐洗色牢度测试仪、评定变色灰色样卡、评定沾色灰色样卡等。

2．实验药品：无水碳酸钠、皂片。

3．实验材料：待测试样（染色样）尺寸规格 40 mm×100 mm、贴衬织物尺寸规格 40 mm×100 mm。

### 三、实验原理

待测试样与白色贴衬织物贴合后,在洗涤剂、水和机械力作用下,染色样发生不同程度的褪色(变色),同时部分脱落的染料沾染到贴衬织物上。组合试样干燥后,利用灰色样卡可以评定原样(即待测试样)变色和白布沾色(即贴衬织物)沾色等级,原样变色或白布沾色越严重,说明耐洗色牢度越差。

单纤维贴衬织物的选择:第一块由试样同类纤维制成,第二块由表2-2-4中规定的纤维制成。对于混纺或交织试样,第一块由主要含量纤维组成,第二块由次要含量纤维组成。不同纤维的贴衬织物见表2-2-4。

表 2-2-4　不同纤维的贴衬织物

| 第一块贴衬织物 | 第二块贴衬织物 | |
|---|---|---|
| | 40 ℃和 50 ℃试验 | 60 ℃和 95 ℃试验 |
| 棉 | 羊毛 | 黏胶纤维 |
| 羊毛 | 棉 | — |
| 丝 | 棉 | — |
| 麻 | 羊毛 | 黏胶纤维 |
| 黏胶纤维 | 羊毛 | 棉 |
| 醋酯纤维 | 黏胶纤维 | 黏胶纤维 |
| 聚酰胺纤维 | 羊毛或棉 | 棉 |
| 聚酯纤维 | 羊毛或棉 | 棉 |
| 聚丙烯腈纤维 | 羊毛或棉 | 棉 |

### 四、测试方案

表 2-2-5　测试方案

| 条件　　方法 | 试验温度 | 处理时间 | 皂液组成(g/L) | 备注 | 浴比 |
|---|---|---|---|---|---|
| 方法一 | 40 ℃ | 30 min | 标准皂片:5 | — | |
| 方法二 | 50 ℃ | 45 min | 标准皂片:5 | — | |
| 方法三 | 60 ℃ | 30 min | 标准皂片:5<br>无水碳酸钠:2 | | 1:50 |
| 方法四 | 95 ℃ | 30 min | 标准皂片:5<br>无水碳酸钠:2 | 加 10 粒不锈钢球 | |
| 方法五 | 95 ℃ | 4 h | 标准皂片:5<br>无水碳酸钠:2 | 加 10 粒不锈钢球 | |

### 五、实验步骤

1. 制作组合试样:取 40 mm×100 mm 待测试样一块,夹于两块 40 mm×100 mm 单纤维贴衬织物之间,沿着短边缝合。

2. 配制皂洗液,并加热到规定温度。

3. 称量组合试样质量,将组合试样放入洗涤容器中,按浴比 1∶50,加入预热好的皂液。

4. 将洗涤容器装入耐洗色牢度测试仪中,根据选定的测试方法,设置仪器参数。

5. 设备报警后,取出组合试样,冷水清洗两次,冷流水洗,挤干水分,悬挂在不超过 60 ℃的空气中干燥。

6. 用灰色样卡评定变色牢度和沾色牢度等级。

**注意事项:**

1. 面料原料为蚕丝、黏胶纤维、羊毛、锦纶以及天丝、莫代尔、牛奶纤维、大豆纤维等纤维的选用方法一,为棉纤维、麻纤维、涤纶、腈纶的选用方法二。

2. 梭织服装一般用方法三,棉针织物一般选用方法一,但棉针织内衣 T 恤(锦纶除外)、针织运动服选用方法三。

## 六、实验报告

表 2-2-6　实验结果

| 试样名称<br>测试结果 | 1# | 2# |
|---|---|---|
| 原样变色(级) | | |
| 白布沾色(级) | | |

## 【学习成果检验】

**一、概念题**

1. 等电点。

2. 中性染料。

**二、填空题**

1. 理论上,当 pH<PI 时蛋白质分子呈带_____电状态,可以用_____离子型染料染色。羊毛的等电点是_____。

2. 生产上羊毛的染色方式有散毛染色、_____和_____,其中_____对前处理要求较低,工艺容易控制。

3. 酸性染料_____溶于水,根据染色性能可分为_____、弱酸浴酸性染料和中性浴酸性染料,其中_____染料结构简单,匀染性好,但染羊毛时湿处理牢度_____。

4. 酸性染料染色时,加酸起_____作用,强酸浴酸性染料染色时,染液 pH 值调节到_____,多使用_____来调节染液 pH 值。

5. 酸性媒染染料常用媒染剂是_____,这类染料相较酸性染料具有较高的

_____牢度,但颜色鲜艳度_____。酸性媒染染料的染色方法有_____、_____和_____,最常用的是_____。

### 三、简答题

1. 列表比较酸性染料、酸性媒染染料、金属络合染料和活性染料的结构特点、类别和应用特点。

2. 写出强酸性染料染羊毛纤维的一般工艺。(o.w.f.为2%)

3. 采用1∶2型金属络合染料染色时,为什么要严格控制染色温度?

4. 采用活性染料染羊毛时,匀染性表现比染棉时差的原因是什么?

# 任务2-3 毛织物的整理

## 【学习目标】

| 能力目标 | 知识目标 | 素质目标 |
|---|---|---|
| 1. 能够说出毛织物整理的分类和目的。<br>2. 初步具备毛织物整理工艺设计能力。 | 1. 掌握毛织物整理的分类、工序组成和目的。<br>2. 熟悉毛织物整理常用设备、工艺条件和注意事项。 | 弘扬劳动精神;树立绿色发展理念;学以致用,培养创新意识。 |

## 工作任务

某毛纺印染企业要生产一批纯毛哔叽,如果你是化验室工艺员,在确定毛哔叽织物的风格特点后,请尝试设计该类织物的整理工序过程,并结合企业设备特点设计每个具体整理工序的工艺参数。

## 知识准备

### 一、整理的目的与方法

织物整理广义上包括织物自下织机后所进行的一切改善和提高品质的处理过程。在实际染整生产中,常将除练漂、染色和印花加工以外的,改善和提高织物品质的纺织品加工过程称为织物的整理。整理工序一般在染色、印花工序后进行,也称为后整理。

织物整理的要求因组成织物的纤维种类而异,即使由相同纤维组成的织物,整理要求也因织物的类型和用途的不同而有一定区别。

纺织品整理的内容丰富多彩,加工目的大致可归纳如下:

(1) 使织物幅宽整齐均一,稳定织物尺寸和形态。

(2) 增进纺织品外观。

（3）改善纺织品手感。

（4）提高纺织品耐用性能。

（5）赋予纺织品特殊性能。

整理方法包括：

（1）物理机械方法：利用水分、热量和压力、拉力等机械作用来达到整理目的，如预缩整理、机械柔软整理。

（2）化学方法：采用一定的方式，在纺织品上施加某些化学物质，使之与纤维发生化学反应，达到整理的目的，如防皱整理。

（3）物理机械及化学方法结合：两种方法联合使用，使纺织品获得一定的整理效果。

## 二、毛织物整理的基本内容与要求

毛织物的整理与一般织物相比意义有所不同，除了以上所述的织物整理之外，毛织物还包括湿整理和干整理。毛织物的湿整理包括烧毛、洗呢、煮呢、缩呢、烘呢、炭化、染色等加工工序，在湿整理车间进行；干整理包括起毛、剪毛、刷毛、蒸呢、烫呢、电压等加工过程，这些工序在干整理车间加工。毛织物的湿整理（不包括染色）与一般织物的练漂加工相似，干整理与一般整理相似。毛织物经过这些整理，可以充分发挥羊毛的优良品质，修正缺点，改善手感、弹性，增进身骨、光泽及外观，提高其服用性能。通过特种整理，赋予织物特殊性能，提高附加值。

**1. 毛织物整理的关键**

毛织物品种较多，整理工艺也因品种不同而有较大差异。因此，在制定加工工艺时应根据织物种类、用途及原料等因素综合考虑，关键应掌握好以下环节：

（1）掌握产品的质量要求、风格特点以及技术指标。

（2）掌握原料的性能、纺织工艺以及呢坯规格、质量等情况；熟悉整理设备及整理用剂的性能，了解它们对产品质量的影响。

（3）抓住整理中影响质量的关键工序，处理好各工序之间的关系。

**2. 精纺毛织物整理特点与要求**

精纺毛织物的结构紧密，纱支较高。衡量精纺毛织物的实物质量主要从身骨、手感、呢面、光泽四个方面考虑。精纺毛织物品种不同，对织物的质量要求也各有侧重。薄型织物一般用于夏季服装，属于这类的如凡立丁、派力司、薄花呢等。整理后要求织物呢面平整洁净，光泽足，手感要滑、挺、爽，即织物要有又薄又挺的风格。华达呢、直贡呢、啥咪呢等属于厚型织物，是春秋季服装的理想面料，整理后要求织物手感丰满，弹性好，光泽自然。为此，精纺毛织物整理的重点是湿整理，在进行加工时，要侧重把握洗呢和煮呢工序，控制好各工序的张力，这样才能保证产品的质量。

**3. 粗纺毛织物整理特点与要求**

粗纺毛织物纱支较低，质地疏松，呢面被绒毛覆盖。通过整理，可赋予粗纺毛织物质地紧密、呢面丰满,绒面织物绒毛整齐、光泽好及保暖性强等特点。为此,粗纺毛织物的整理重点是缩呢、洗呢、起毛、剪毛。因粗纺毛织物品种不同,外观风格差异较大,整理的侧重点也不尽相同。如纹面织物要求花纹清晰,并具有一定的身骨和弹性;粗花呢要以洗呢为重点;呢面织物要求织纹隐蔽,呢面丰满平整,手感厚实,以缩呢为重点;拷花织物要有耸立整齐的绒毛,规则的花纹和丰满的手感等,因此立绒织物及拷花织物以起毛、剪毛为重点。一般说来,缩呢是粗纺毛织物的整理基础,洗呢是使织物具有良好光泽和鲜艳颜色的关键,而起毛对改变粗纺毛织物的外观风格作用较大。

## 任务 2-3-1　毛织物的湿整理

### 【学习目标】

| 能力目标 | 知识目标 | 素质目标 |
|---|---|---|
| 1. 能说出湿整理主要工序及各工序的目的。<br>2. 能够解读湿整理工艺。 | 1. 熟悉毛织物湿整理的定义、工序组成及各工序的加工目的。<br>2. 掌握烧毛、煮呢、洗呢和缩呢的概念、原理及工艺条件。<br>3. 了解湿整理各工序常用设备。 | 团结协作;学以致用;自学能力和创新意识。 |

### 工作任务

根据毛织物风格要求合理选择湿整理工序,并合理确定各工序的加工工艺条件。

### 知识准备

### 一、准备工作

坯布在染整加工前,要先进行一系列的准备工作,目的是尽早发现毛织物坯布上的疵点,并及时纠正,保证成品质量,避免不必要的损失。坯布准备包括生坯检验、编号、修补及擦油污渍等。

#### (一)生坯检验

呢坯在染色之前,应逐匹检验其物理指标和外观疵点。物理指标检验包括量长度、量幅宽、称重及数经纬密等;外观疵点主要指纺纱、织造过程中所产生的纱疵、织疵、油污斑渍等。在需要修补和处理的疵点旁用笔做好记号,以便后道工序中修补和擦洗处理工作的进行。

#### (二)编号

为了辨别织物的品种,正确地按染整工艺要求进行加工,应将每匹呢坯进行编号,并将编号缝在呢端角上。同时为加强岗位责任制,要为每匹呢坯织物建立一张加工记录卡,随工序记录加工情况,以便发现问题,及时查找原因,尽早处理。

### (三) 修补

一些纺织疵点在染整加工前可以进行修补而不影响织物的外观。通过修补,可以提高织物的等级,保证毛织物的质量。例如缺纱疵点,就可以用相同的纱按原织纹补进一根。精纺织物表面光洁,疵点容易暴露,因此对修补要求就高一些;粗纺织物因有绒毛覆盖,对修补要求相对低一些。修补后要仔细复查,防止有遗漏,影响成品质量。修补时,一般先修反面,后修正面。

### (四) 擦除油污渍

毛织物在纺织加工及搬运过程中,不可避免地会沾染上一些油污、色渍和锈渍,若在染整加工前不去除,会影响成品质量。有的油污渍经过高温工序加工后很难去除,所以擦除油污渍最好在洗、染加工之前进行。

擦除油污渍一般是用丝光皂、合成洗涤剂、乙醚、四氯化碳等物质;擦除铁锈渍可用草酸溶液或氢氟酸溶液等;擦除油漆要用丙酮或香蕉水等;擦除柏油可用四氯化碳、乙醚等有机溶剂。操作时要细心,做到轻洗轻擦,不能用力过大,以防止擦伤或者发生毛斑。擦洗后的织物最好及时进行下道工序的加工,否则风干后会发生斑渍疵病。

### (五) 缝袋

为了防止毛织物在湿加工中产生条痕或卷边,在洗呢、缩呢、染色加工中,可以缝制成袋(筒)形进行。对于粗纺织物,缝袋整理数量更多。缝袋时,缝线强力应高一些,否则容易崩断;针距要适当,使呢坯袋中能保持一定量的空气。缝袋时呢坯正面朝里。

## 二、烧毛

烧毛就是使平幅织物迅速通过高温火焰,烧掉织物表面上的短绒毛,从而使织物织纹清晰、呢面光洁。烧毛主要用于精纺毛织物,特别是轻薄的、要求织纹清晰的品种。毛面的中厚织物如哗叽、花呢等则不需要烧毛。而毛与化纤混纺的织物通过烧毛可以减少起球现象,改善织物的外观。

### (一) 烧毛设备

毛织物的烧毛多用气体烧毛机,用作燃烧气体的有煤气、汽油汽化气等。气体烧毛机对各种纺织物都适用,对凹凸提花织物效果尤其好,烧毛质量比较匀净,火焰易控制。气体烧毛机工作时对室温影响较小,准备工作时间短。常见的气体烧毛机如图 2-3-1 所示。

图 2-3-1 为二火口气体烧毛机,该机虽和棉布烧毛机相似,但没有张力装置,火口旁有手摇柄,可改变火口方向,增设刷毛装置。烧毛时织物通过导布辊和张力架,使织物平整进机,通过导辊调整织物与火口间的距离进行烧毛。烧毛后的织物经主动辊牵引前

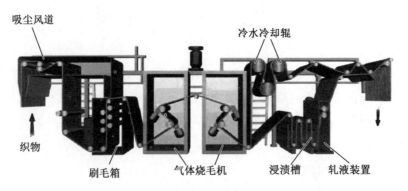

图 2-3-1　气体烧毛机

进,通过设有冷水夹层的中间导辊使残留在织物上的火星熄灭。烧毛后增设刷毛辊则可将呢坯上烧焦的毛屑和其他杂质刷掉,落布架将呢坯折叠整齐出机。毛纤维的延燃性较差,所以可不设灭火装置。

为保证烧毛质量,操作时应注意以下几点:

1. 开车前要检查机械状态,防止中途停车烧毁织物。检查时要注意火口是否有堵塞现象,以防止产生烧毛条花。正式开车前要先开空车,运转正常后再正常开车。

2. 工艺参数要在正式开车前调整好,如在运行中调整,容易产生烧毛不匀疵病。

3. 开车时要先开车运转,然后开气点火;而停车时应先关气后停车。

### (二) 烧毛工艺

毛织物烧毛工艺应根据产品风格、呢坯情况以及烧毛机的性能来制定。精纺薄型织物如派力司、凡立丁等要求纹路清晰,手感滑爽、呢面光洁,一般多用强火、快速工艺进行两面烧毛。光面中厚织物如华达呢等可以弱火慢速正面烧毛,表面需要有绒毛的织物以及漂白或浅色的匹染织物可以不烧毛。化纤织物最好染色后烧毛。

烧毛的速度应根据织物的性质、火焰的强弱以及火焰与织物间的距离而定,总原则是强火快速、弱火慢速、中火中速。火焰与织物的角度也会影响烧毛效果,如果火焰与呢面垂直则烧毛彻底;当火焰与呢面成锐角时,烧毛后的呢面与剪毛相似;当火焰与呢面成切线时,只能烧到织物的外表面,因此火焰与织物的角度应根据具体品种及烧毛要求而定。

## 三、煮呢

羊毛纤维在纺纱、织造过程中,经常受到外力的作用而产生不同的内应力,若此时再进行洗、染等松式加工,在湿热条件下,会导致织物不均匀地收缩。另外,从织机上下来的织物呢面很不平整,易起皱,手感粗糙,缺乏弹性,幅宽也很窄。

煮呢的目的就是使毛织物在一定的温度、湿度、张力、时间和压力条件下,消除织物内部的不平衡张力(内应力)而产生定形效果,使织物呢面平整挺括、尺寸稳定,手感柔软丰满而富有弹性。对于粗纺织物来说需要经缩绒工序,使织物表面起茸毛,所以一般不需要煮呢,因为煮呢后,部分鳞片层被破坏,这会影响织物的缩绒性能。而精纺织物都要通过煮呢,起定形作用,所以煮呢是精纺织物染整加工的重要工序之一。

**(一)煮呢原理**

用蒸汽或热水处理受张力的羊毛,因时间长短不同,会产生以下三种情况:

(1)处理时间短,去除张力后,把羊毛放在蒸汽中任其收缩,此时羊毛收缩后比原长还短,这种现象称为羊毛纤维的"过缩"。

(2)处理时间稍长,冷却后去除张力,羊毛会产生一定的回缩,如果在更高温度的水或蒸汽中处理,羊毛还会收缩,这种现象称为羊毛纤维的"暂时固定"。

(3)处理时间更长,冷却后去除张力,放在蒸汽中任其收缩,此时羊毛很少收缩或不再回缩,其长度比原长增加约 30%,即便在更高温度的水或蒸汽中处理,羊毛也不会收缩,这种现象称为羊毛纤维的"永久固定"。煮呢就是利用羊毛的这种性质,使羊毛获得"永久定形"的效果。

永久定形产生的原因是受张力的羊毛纤维在热水或蒸汽的作用下,羊毛角朊分子的主链伸展,分子中的许多氢键遭到破坏,二硫键也会水解断裂,二硫键断裂后在伸直的新位置上重新建立更牢固的交键,如下式所示:

$$R—S—S—R' + H_2O \longrightarrow R—SH + R'—SOH$$
$$R'—SOH + R—NH_2 \longrightarrow R'—S—NH—R + H_2O$$

因为处理时间较长,交键建立比较完善,此时去除外力,羊毛不再回缩或很少回缩。此外,煮呢时羊毛是处于被拉伸的状态,原有的氢键或盐式键也被破坏,并在新的位置上重新建立新的氢键和盐式键,促进纤维的永久固定。

如果在煮呢时处理时间很短,旧键被破坏,新键还没有建立,大分子处于自由状态,去除定形条件后,则羊毛可自由回缩,甚至回缩到比原长还短,形成"过缩"现象。

当旧键被破坏,新键建立还不完善时,去除定形条件后,这种定形效果是暂时的,一旦遇到更高的温湿度条件,纤维就会回缩,形成"暂时定形"现象。

**(二)影响煮呢质量的工艺因素**

**1. 煮呢温度**

从羊毛定形的角度来讲,煮呢温度越高,定形效果越好。从实验结果来看,当温度接近 100 ℃时,羊毛才会获得永久定形效果。但温度越高,羊毛所受损伤越大,表现为强度下降、手感发硬,而且色坯会沾色、变色。所以白坯煮呢一般选择 90～95 ℃,色坯煮呢温度稍低,一般选择 80～90 ℃。

**2. 煮呢时间**

煮呢时间和温度有直接关系,煮呢温度越高,煮呢时间越短,而煮呢温度越低,所需时间越长。为使煮呢匀透,并减少水印,煮呢时宜采用较低温度和较长时间为好。分析定形效果可以看出,煮呢时间越长,定形效果越好。因为煮呢时间长,旧键拆散较多,新键建立比较完善,因而煮呢效果好。如果煮呢时间过短,原有交键被拆散,而新键未建立或建立不完全,会产生"过缩"或"暂时定形"的效果。但是煮呢时间不能过长,因为在高温下处理,羊毛会受到损伤,而且时间越长,强力损失越多,所以煮呢时间的选择要均衡考虑。一般双槽煮呢时间约为 1 h 左右;单槽煮呢一次为 20~30 min,然后调头再煮一次。

**3. 煮液 pH 值的选择**

从煮呢效果来看,煮液 pH 值越高,定形效果越好,但高温碱性煮呢易使羊毛损伤,羊毛角朊大分子主键水解,造成纤维强力降低,手感粗糙、色泽泛黄。煮呢液 pH 值较低时,定形效果差,而且易产生"过缩"现象。

通常白坯煮呢时,pH 值大多控制在 6.5~7.5。色坯煮呢时,为防止某些色坯在煮呢过程中颜色脱落,往往在煮呢液中加入少量有机酸,调节煮液的 pH 值至 5.5~6.5。

**4. 张力和压力**

煮呢时张力和压力对产品风格和手感有很大影响。织物上机张力大,上辊筒压力大,煮后织物呢面平整,身骨挺括、手感滑爽、而且光泽好,大多用于薄型平纹织物。织物上机张力小,上辊筒压力小甚至不加压力,煮后织物手感柔软丰满,适用于中厚织物。煮呢时张力、压力的大小因品种而异,不能过大,否则会使织物纹路不清,并会产生水印;张力、压力也不能过小,否则呢面不平整。

**5. 冷却方式**

煮呢完毕需要冷却,冷却越透,定形效果越好。目前常用的冷却方式有突然冷却、逐步冷却和自然冷却三种。

突然冷却就是煮呢后将槽内热水放尽,放满冷水冷却,或边出机边加冷水冷却,突然冷却的织物风格挺括、滑爽、弹性好,适用于薄型织物。

逐步冷却为煮呢后逐步加冷水,采取冷水溢流的方式冷却。用这种冷却方法冷却的织物手感柔软、丰满,适用于中厚织物。

自然冷却为煮呢后织物不经冷却,出机后卷轴放置在空气中自然冷却 8~12 h。自然冷却的织物手感柔软、丰满、弹性好,并且光泽柔和、持久,适用于中厚织物。

**(三)煮呢工序的安排**

煮呢工序的安排是根据产品品种和质量要求来确定的,有先煮后洗、先洗后煮和染后复煮三种程序。

**1. 先煮后洗**

可使织物先初步定形,在之后的洗呢、染色加工中,可减少织物的收缩变形,一般用于要求风格挺括的品种。有些品种煮呢一次达不到要求,常采用先煮后洗、洗后复煮的形式两次煮呢。洗后复煮可提高定形效果,呢面平整,并可改进手感。但对于油污渍较多的呢坯,采用先煮后洗工序,会使煮后油污渍去除困难,同时纺织疵点暴露更加明显。

### 2. 先洗后煮

可使织物手感柔软,丰厚。对于含油污较多的呢坯更加适宜,一般用于毛哔叽等织物。其缺点是对于薄型织物易产生呢面不平整、发毛等疵病,而对于条格花色织物容易变形。

### 3. 染后复煮

一般用于定形要求比较高的品种,用以补充染色过程中损失的定形效果,消除染色过程中产生的折痕,从而增进织物的平整度。但如果复煮条件控制不当,容易使呢坯褪色、沾色或变色。

### (四) 煮呢设备

煮呢一般是在间歇式煮呢机上进行。煮呢机一般由煮呢辊、压呢辊和煮呢槽组成。有的煮呢辊为空心圆筒,表面有很多小孔,供热水循环或煮呢后通入蒸汽(见蒸呢)。煮呢设备主要有单槽煮呢机和双槽煮呢机,此外还有蒸煮联合机等。

### 1. 单槽煮呢机

单槽煮呢机结构简单,在煮呢过程中织物受到较大的压力和张力作用,因此煮后织物平整,光泽好,手感挺括,富有弹性。单槽煮呢机主要用于薄型织物。其结构如图 2-3-2 所示。

煮呢时,在槽内先放入适量的水(至下辊筒 2/3 处),开蒸汽调节水温,根据加工品种,调整上辊筒压力。平幅织物经张力架、扩幅板进机,然后正面向内,反面向外卷绕在下辊筒上。卷绕时要保证织物呢边整齐、呢坯平整。卷好后包好衬布,按工艺条件煮呢,第一次煮呢完毕,将织物调头,在相同的条件下进行第二次煮呢,然后冷却出机。

单槽煮呢机煮呢时内外层温度差异大,煮呢过程中还需要翻身调头,所以生产效率低。

### 2. 双槽煮呢机

双槽煮呢机的结构与单槽煮呢机相似,主要是由两台单槽煮呢机并列组成,其结构如图 2-3-3 所示。

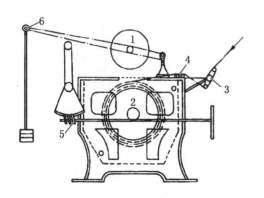

图 2-3-2　单槽煮呢机

1—上辊筒　2—下辊筒　3—张力架　4—扩散板
5—蜗轮升降装置　6—杠杆加压装置

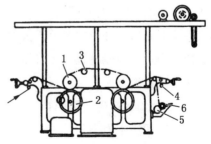

图 2-3-3　双槽煮呢机

1—上辊筒　2—下辊筒　3—扩幅辊
4—张力架　5—牵引辊　6—卷呢辊

煮呢时,呢坯往复在两个煮呢槽的下辊筒上进行,生产效率高。平幅织物在双槽煮呢机中煮呢,所受的张力、压力较小,所以煮后织物手感丰满、厚实、织纹清晰,并且不易生产水印,但定形效果不及单槽煮呢机好。该型机械主要用于华达呢等要求织纹清晰的织物。

**3. 蒸煮联合机**

为了增强定形效果,将毛织物进行蒸呢、煮呢联合加工,可获得不同的手感和光泽。蒸煮联合机如图 2-3-4 所示。

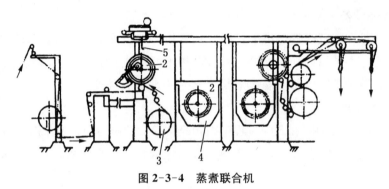

图 2-3-4 蒸煮联合机

1—成卷辊 2—蒸煮辊 3—包布辊 4—蒸煮槽 5—吊车

利用蒸煮联合机对毛织物煮呢时,平幅织物和包布共同卷绕在蒸煮辊上,蒸煮时热水可内外循环,或通过蒸汽由里向外汽蒸,所以煮呢匀透。冷却时可用冷水内外循环冷却或抽气冷却,冷却彻底,煮后织物定形效果好,弹性足,并且生产效率高,适用于薄型及中厚织物。

**(五) 煮呢疵病及其产生原因**

(1) 水印(水花)。产生的原因:

① 单槽煮呢机煮呢张力过大或不匀。

② 压力过大或温度过高。

(2) 边深浅。产生的原因:

① 卷绕时布边不齐或幅宽差异大的呢坯同时煮呢。

② 边进布边升温或卷轴后才升温。

③ 机槽两边温差大。

(3) 呢面歪斜。产生的原因:

① 进布时两边张力不匀。

② 上机时布头不平齐。

③ 机械运行不正常。

(4) 折印。产生的原因:

① 进布不平整。

② 来坯呢边松紧不匀。

（5）横印。产生的原因：

① 辊筒轴心不稳，造成煮呢时受压不匀。

② 进布时张力过小，织物未拉平。

（6）呢面不平整。某些薄型织物易出现呢面不平整的问题，原因是加工时的压力、张力过小或温度过低。另外，采用先洗后煮工艺也易使呢面不平。

（7）沾色。产生的原因：

① 染料的耐煮牢度差。

② 深浅差异大的色坯同机煮呢。

③ 未做好机台、包布和衬布的清洁工作。

## 四、洗呢

### （一）洗呢目的和要求

呢坯中的羊毛经过初步加工，其中的天然杂质已基本去除，但仍含有人工杂质，如纺纱、织造过程中所加入的和毛油、浆料、抗静电剂等杂质，烧毛时留在织物上的灰屑，在搬运和储存过程中所沾染的油污、灰尘等污物，这些杂质的存在，将影响羊毛纤维的光泽、手感、润湿性及染色性能等。洗呢的目的主要有两个方面：一是洗去毛织物上的杂质，为染色创造良好的条件，并提高染色牢度和染色鲜艳度；二是发挥羊毛纤维本身特有的弹性及光泽，使织物手感柔软、丰满、光泽柔和，并具有一定的身骨。洗呢是毛织物染前的必经工序，对精纺织物尤为重要。为达到上述目的，洗呢时应注意以下几点：

（1）洗呢工艺要根据织物的品种、风格以及原料、设备等情况来制定。加工时，要严格执行工艺，避免羊毛纤维受到损伤。

（2）洗净呢坯上的污垢，并冲净残皂，同时要适当保留织物上的油脂，以使织物手感滋润。一般精纺织物洗净呢坯的含油脂率为 0.6%，粗纺织物洗净呢坯的含油脂率为 0.8%。

（3）洗后织物不发毛、不毡化，精纺织物要保持织纹清晰、呢面光洁。

### （二）洗呢原理和洗呢用剂

洗呢就是借助洗涤剂的润湿、渗透作用，经过机械挤压和揉搓，使污垢脱离织物并分散到洗液中的加工过程。洗呢的原理与洗涤原理相同。

实际生产中，乳化法洗呢应用最为普遍。乳化法常用的洗涤剂有肥皂、净洗剂 LS、净洗剂 209、雷米邦 A、净洗剂 105、平平加 O 等。其简要介绍如下：

（1）肥皂。属于阴离子型表面活性剂，为脂肪酸钠盐。肥皂的润湿、渗透、乳化、扩散作用好，去污力强，洗后织物手感丰满、厚实。但肥皂不耐硬水，能与水中的钙、镁盐生成沉淀物，黏附在织物上后不易洗去；且肥皂易水解，生成的脂肪酸也会黏附在织物上，需配合纯碱使用。

(2) 净洗剂 LS。属于阴离子型洗涤剂,为脂肪酰胺磺酸钠,具有良好的润湿性和扩散性,耐酸碱、耐硬水,适应性较广。

(3) 净洗剂 209。属于阴离子型合成洗涤剂,其乳化性能、润湿渗透性均较好,净洗能力较强,耐酸碱、耐硬水,洗后织物手感柔软而丰满。

(4) 平平加 O-7(AEO-7)。属于非离子型表面活性剂,为脂肪醇聚氧乙烯醚的一种,有良好的润湿、渗透、去污和乳化能力,有较好的抗硬水能力,扩散作用较强。洗呢时,能使污垢均匀地分散在洗液中,与肥皂混用可提高净洗效果。

(5) 净洗剂 105。属于非离子型表面活性剂,它是醚与酰胺的混合物,碱性强,去污效果好,但洗后织物手感略为粗糙,一般与其他洗涤剂混用。

(6) 净洗剂 JU。为非离子型表面活性剂,是环氧乙烷咪唑衍生物。其润湿、乳化、净洗效果好,缺点是洗后织物手感粗糙发硬,生产上一般与其他洗涤剂共用。

洗涤剂的用量应根据织物质量和含杂情况来确定。

### (三) 洗呢工艺因素分析

(1) 洗呢温度。理论上,提高洗呢温度,可以提高净洗效果。因为提高洗液温度,可以提高洗液对织物的润湿和渗透能力,增强纤维的膨化,削弱污垢与织物间的结合力,提高净洗效果。当温度超过某一限度时,往往会损伤羊毛纤维,使织物呢面发毛毡化、手感粗糙、光泽变差。合适的洗呢温度应既要保证达到净洗效果,又不能损伤羊毛。使用肥皂时,洗呢温度必须高于肥皂的凝固点(30 ℃左右)。一般情况下,纯毛织物及毛混纺织物的洗液温度为 40 ℃左右;纯化纤织物尤其是含黏胶成分的织物,洗呢温度应控制在 50 ℃左右。

(2) 洗呢时间。洗呢时间根据纤维的含杂情况、坯布的组织规格以及产品的风格确定。洗呢时间的长短会影响净洗效果和织物的风格、手感。在洗呢过程中,全毛精纺中厚织物不但要求洗净织物,而且要洗出风格,洗呢时间一般比较长,约为 60~120 min;匹染的薄型织物和毛混纺织物,对手感的要求相对较低,洗呢时间稍短,一般约为 45~90 min;粗纺毛织物洗呢的目的主要是洗净织物,产品风格靠缩呢工艺实现,洗呢时间较短,一般为 30 min。

(3) 洗呢浴比。洗呢浴比就是干态织物质量与洗液体积之比。浴比大,为保持洗液浓度,需要投加更多的洗涤剂,但洗呢效果均匀;浴比小些,洗涤剂用量相对较少,且对于精纺毛织物有轻缩绒作用,洗后织物手感更佳,但浴比过小,容易产生条形折痕。生产时采用的浴比以洗液刚好浸没织物为宜,精纺织物洗呢浴比一般为 1:(5~8),粗纺织物一般为 1:(5~6)。

(4) 洗呢液的 pH 值。从洗涤效果来讲,pH 值越高,净洗效果越好,因为碱性物质能使和毛油中的动植物油脂皂化,同时有抑制肥皂水解的作用,增强其乳化能力,使肥皂充分发挥洗涤作用。实际生产中,含油污较多的呢坯,洗液的 pH 值一般偏高,常用的洗剂为肥皂和纯碱,pH 值控制在 10 左右;而含油污较少的呢坯一般用合成洗涤剂,洗液的 pH 值控制在 9.0~9.5。pH 值较高时,虽有利于洗净呢坯,但如果 pH 值过高,羊毛纤维易受损伤,从而影响羊毛制品的光泽、手感以及强力,因此,加工时应严格控制洗液的 pH 值。

(5) 压力。洗呢机上有一对大滚筒,织物经过时受到挤压作用,促使污垢脱离织物。挤压作用强,洗呢效果好。挤压力的大小是由上滚筒的质量决定的。洗呢时压力的控制应视织物的品种而定。一般来讲,纯毛织物压力可大些,控制滚筒质量在 550~650 kg;毛混纺织物的压力要适当小些,尤其含有腈纶和黏胶纤维的混纺织物,压力更应小些,甚至可以不加。

(6) 洗后冲洗。洗呢完毕必须用清水冲洗,以去掉织物上的洗呢残液。洗后冲洗是一道非常重要的工序,如果呢坯冲洗不净,会直接影响后道加工的质量。冲洗时间和冲洗次数应根据织物的含污情况和水流量而定。生产上多采用小流量、多次冲洗工艺。第一道、第二道流量小些,水温稍高些(比洗液温度高 3~5 ℃),之后流量逐渐加大,水温逐渐降低,冲洗 5~6 次,每次 10~15 min。呢坯出机时,洗液 pH 值应接近中性,温度为室温即可。

(7) 呢速。洗呢时的车速对洗呢效果也有很大的影响,特别是在冲洗时,冲洗效果与水的流量有关,同时和呢坯前进速度有关。呢速过快,呢坯容易打结;呢速过慢,影响净洗能力,所以要结合呢坯特点控制合适的呢速。工艺上精纺毛织物呢速一般采用 90~110 m/min,粗纺毛织物呢速一般采用 80~100 m/min。

**(四) 洗呢设备及操作注意事项**

**1. 洗呢设备**

洗呢方式不同,所使用的设备也有区别,洗呢设备有绳状洗呢机、平幅洗呢机和连续洗呢机。其中常用的洗呢设备为绳状洗呢机,其结构如图 2-3-5 所示。

绳状洗呢机有上、下两只辊筒,其中下辊筒为主动辊,上辊筒为被动辊。上、下辊筒形成一个挤压点,绳状织物通过该挤压点时受到挤压作用,从而达到洗呢的目的。机槽的作用是贮存洗液和呢坯。机械正常运转时,织物在机槽内不会缠结。分呢框的作用是分开运转中的呢坯,该机构与自动装置相连接,当呢坯打结时,可使机械停止运转。污水斗在大辊筒之下,其作用:一是向机内加

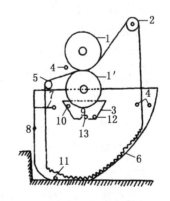

**图 2-3-5　绳状洗呢机**
1,1′—上、下辊筒　2—后导辊　3—污水斗
4—喷水管　5—前导辊　6—机槽
7—分呢框　8—溢水口　9—放料口
10—加料管　11—出水管　12—保温管
13—污水出口管

洗涤剂时,洗涤剂通过污水斗可均匀地分散在机槽内;二是冲洗织物时,把污水斗下面的出水口打开,将呢坯中挤出的污水排出机外,以洗净织物。

绳状洗呢机洗呢效率高,洗呢效果好,但容易产生洗呢折痕,所以绳状洗呢机一般用于粗纺毛织物以及中厚精纺毛织物的加工。

对于薄型纯毛精纺织物的洗呢,一般采用连续式平幅洗呢机。平幅洗呢机洗呢效率低,手感较差,应用受到限制。

**2. 洗呢设备操作注意事项**

(1) 开车前先做好清洁和准备工作,先开空车试运转,正常运转后呢坯方可上机。

(2) 同机洗呢的呢坯,要求为同品种、同色号。洗呢时,呢坯先充分润湿,然后加入乳化好的纯碱、洗涤剂等。

(3) 易卷边、易产生折痕的织物,最好缝成筒状进行洗呢加工,这样可利用筒内空气展开织物。

(4) 洗呢时,应严格按工艺执行,经常检查呢坯的运转情况,泡沫不足时应及时追加洗涤剂。

(5) 洗呢后应及时进行下道工序的加工,防止重新沾污或发霉变质。

**(五) 洗呢疵点及产生的原因**

(1) 条折痕。产生的原因:

① 缝头不平整或上辊筒压力过大。

② 冲洗、洗呢时浴比过小或洗液浓度过大。

③ 冲水量过小,使织物在机内干轧;冲洗的热水温度与呢坯的温度差异大,也会造成折痕。

④ 出呢辊筒表面速度比下辊筒的表面速度快,使织物表面受到擦伤而产生条痕。

(2) 洗呢不匀,如条花、色花,产生的原因:

① 加料不匀,尤其是加碱不匀,匹染毛织物加碱温度高或直接加到呢坯上。

② 洗液温度过高、浓度过大或浓度不足,洗涤时间不够。

③ 皂碱洗呢时,由于水质硬、冲洗水量小、水温过低,造成冲洗不净。

④ 皂碱洗呢时,由于水质硬度过高,形成钙皂沉积。

⑤ 染色织物洗呢时,由于染料湿处理牢度差,或洗液温度高、浓度大造成掉色。

(3) 呢面发毛。产生的原因:

① 浴比过小,洗液浓度大,温度高或者洗呢压力大、洗呢时间长。

② 辊筒的表面速度与织物速度不一致。

(4) 破洞磨损。产生的原因:

(1) 呢坯在机内纠缠打结,而机台打结自停系统失灵。

(2) 机槽内或辊筒上有硬杂物。

### 五、缩呢

羊毛纤维在缩呢剂、温度和压力的作用下会相互交错、毡合,这种现象称为羊毛纤维的缩绒性。利用这种特性整理粗纺毛织物,可使织物质地紧密,手感丰厚柔软,保暖性增强,这种加工过程称为缩呢。缩呢是粗纺毛织物整理的基础。少数品种的精纺毛织物,为使其手感丰满、表面具有轻微绒毛,也可采用轻缩呢加工工艺。

#### (一) 缩呢目的

缩呢主要加工对象是粗纺毛织物。通过缩呢作用,可使粗纺毛织物质地紧密,弹性及强力获得提高,厚度增加,手感柔软丰满,保暖性增强。缩呢作用可掩盖某些织造疵点,改善织物外观。粗纺毛织物通过缩呢作用,可达到规定的长度、幅宽和单位质量等,缩呢是控制织物规格的重要工序。

羊毛纤维的缩绒性取决于纤维的定向摩擦效应、弹性及卷曲性,其中羊毛纤维的定向摩擦效应是产生缩绒作用的关键因素。

#### (二) 缩呢原理

羊毛表面被具有方向性的鳞片所覆盖,这些鳞片的自由端指向羊毛尖端方向。当羊毛纤维受外力作用时,会使羊毛纤维发生移动,这种移动由于鳞片层的作用,纤维从根部向尖端方向移动的摩擦系数小于从尖端向根部方向移动的摩擦系数,其结果是羊毛趋于向阻力较小的方向移动,这种由于

缩呢原理
及设备

顺、逆摩擦系数不同而引起的定向移动效应叫"定向摩擦效应"。缩呢加工时,加入适当的缩呢剂,可促使鳞片层张开,增强定向摩擦效应。缩呢后,羊毛根部在织物内部缠结毡缩,尖端露于织物表面呈自由状态而形成绒毛。鳞片层较多的细羊毛比粗羊毛缩绒性好,而当鳞片层受到损伤或被破坏时,缩绒性大大降低。

羊毛纤维具有良好的弹性和卷曲性。受到外力作用时,羊毛纤维产生一定的形变,此时可将邻近的羊毛纤维带向新的位置而逐渐缠结。这样,大量的纤维互相靠拢、纠缠形成缩绒效应。

#### (三) 缩呢设备

毛织物的缩呢加工是在专门的缩呢设备上进行的。缩呢机有多种类型,其中常用的有辊筒式缩呢机和洗缩联合机两种,辊筒式缩呢机应用更为普遍。

如图 2-3-6 所示,该机有上、下两只大辊筒。下辊筒为主动辊,可牵引织物前进,上辊筒为被动辊,绳状织物经过两辊筒间时受到挤压作用,促进缩呢加工。辊筒压力的大小可用手轮进行调节。缩箱是由两块压板组成的,上压板采用弹簧加压,调节活动底板和上压板之间的距离,即可控制织物经向所受到的压力大小,从而控制织物的长缩。而织物的幅缩是由缩幅辊完成的。缩幅辊由一对可以回转的立式小辊组成,两辊之间的距离可以调节。当两辊之间距离较小时,织物纬向受到压缩,所以可通过调节两辊间的距

离来调节缩幅。分呢框的作用是防止在缩呢机中运转的织物纠缠打结,呢坯打结时,抬起分呢框便可自动停车。

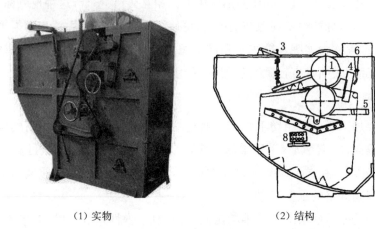

(1) 实物                    (2) 结构

图 2-3-6    重型缩呢机

1—辊筒  2—缩箱  3—加压装置  4—缩幅辊  5—分呢框  6—储液箱  7—污水斗  8—加热器

在操作缩呢机时,必须注意机内清洁卫生,检查机件,保证设备正常运转。缩呢加工时,要经常检查呢坯的长缩、幅缩和呢面情况,以保证缩呢质量。如发现呢坯有破洞、卷边及折卷问题,要停机进行处理,不可在运转中用手加以纠正。用硫酸作缩呢剂时要及时洗净呢坯,防止发生风印及纤维损伤,此外要及时冲洗铸铁部件以防生锈。

**(四) 缩呢工艺条件分析**

羊毛织物缩呢加工的效果与缩呢剂的种类、缩呢液的 pH 值、温度及机械压力有密切的关系。

(1) 缩呢剂。干燥的羊毛是不能进行缩呢的,织物必须在含有缩呢剂的水溶液中才能获得缩呢效果。因为缩呢剂水溶液可以使羊毛润湿膨胀,鳞片张开,增强羊毛纤维的定向摩擦效应,利于纤维的相互交错,同时也可提高羊毛的延伸性和回缩性,使纤维之间易于做相对运动,利于缩呢加工的进行。

缩呢剂应具有以下性能:溶解度高,润湿渗透性好,能大大提高羊毛的定向摩擦效应,并且缩呢后容易洗除。常用的缩呢剂有肥皂、碱、合成洗涤剂及一些酸类。

缩呢剂浓度应视织物品种及含污情况而定,重缩呢或含污较大时,缩呢剂浓度应高些,但浓度过高,缩呢速度慢且不均匀;浓度过低则润湿性差,缩呢过程中落毛多,缩呢效果不好。

(2) 缩呢液 pH 值。缩呢液的 pH 值对缩呢效果的影响非常显著。当羊毛织物在 pH<4 或 pH>8 的介质中进行缩呢时,其面积收缩率大。在 pH=4~8 介质中进行缩呢时,毛织物面积收缩率较小,因为羊毛纤维在不同 pH 值的溶液中,其润湿、溶胀程度不同,延伸性和回缩性也不同,因而缩呢效果不同。当缩呢液 pH=4~8 时,羊毛润湿、溶胀程度小,定向摩擦效应差,其拉伸和回缩性能较低,对缩呢不利。当缩呢液 pH<4 或 pH>8 时,由于羊毛润湿、溶胀性好,鳞片张开较大,羊毛的定向摩擦效应好,受外力拉伸时变形大,回复性强,因而利于缩绒。当 pH>10 时,羊毛纤维拉伸性虽然很高,但回缩性低,缩呢速率反而降低。碱性缩呢的 pH 值一般选择 9.0~9.5。

(3)缩呢温度。缩呢温度对缩呢效果影响也很大,提高缩呢液的温度,可促进羊毛织物的润湿、渗透,使纤维溶胀,鳞片张开,加速缩呢的进行。但当温度超过 45 ℃时,纤维的拉伸、回缩能力较差,负荷延伸滞后现象越来越明显,所以碱性缩呢温度一般控制在35~40 ℃左右,酸性缩呢可高些,一般在 45 ℃左右。缩呢温度是由缩呢液的热量、毛织物本身热量以及机械运转摩擦所产生的热量共同维持的。

(4)缩呢压力。羊毛纤维虽然具有缩绒性,但缩呢时如果不施加外力使纤维发生相对运动,是不会产生明显的缩呢效果的。施加外力可以使毛纤维紧密毡合。一般来讲,机械压力越大,缩呢速度越快,缩后织物越紧密;而压力小时,缩呢速度慢,缩后织物较蓬松。缩呢时压力的大小,要根据织物的风格要求控制,既要使织物的长、宽达到规格要求,又要保证呢面丰满,并且不损伤羊毛。

(5)其他因素。影响缩呢效果的其他因素包括原料、纺织加工工艺及染整加工工艺等。例如纯羊毛织物、细毛、短毛织物的缩呢效果较混纺粗毛、长毛织物的要好;毛纱细、捻度大的织物缩呢效果不如毛纱粗、捻数小的织物缩呢效果好;炭化毛、染色毛织物的缩呢效果不如原毛织物好。

### (五) 缩呢方法

缩呢时,毛织物可以为干呢坯,也可为湿呢坯。干坯缩呢就是把未经洗呢的含污呢坯,用肥皂、纯碱或合成洗涤剂进行洗呢和缩呢。干坯缩呢时,缩呢剂浓度不会降低,因此缩呢效率高,缩呢后织物紧密厚实,绒面丰满。此法工序简单,适用于含污较少、短毛含量较多的中低档产品,因为省去了初洗工序,所以落毛较少。湿坯洗呢是指织物先经洗呢,洗后不烘干直接缩呢。由于呢坯含水,吸收缩呢剂较为均匀,所以缩呢效果匀净,手感、光泽均较好,适用于中高档产品,但湿坯缩呢效率较低。

由于使用缩剂不同,毛织物缩呢分碱性缩呢、中性缩呢和酸性缩呢三种,除此之外,还有肥皂缩呢、先碱后酸缩呢等。

(1)碱性缩呢。用碱性液作为缩呢剂进行干坯缩呢,缩呢后织物结构紧密,手感厚实但较硬。此法成本低,一般用于素色中、低档产品,所用缩呢剂为纯碱、肥皂或合成洗涤剂等。

缩呢液组成:肥皂 50~60 g/L、纯碱 15~20 g/L 或合成洗涤剂 70~100 g/L、纯碱15~20 g/L,缩呢液 pH 值调至 9.0~9.5,温度控制在 35~40 ℃,缩呢液用量为呢坯质量的 90%~100%。

(2)中性缩呢。中性缩呢一般指用清水或合适的合成洗涤剂在接近中性条件下进行干坯或湿坯缩呢,缩后织物手感稍硬,不活络,但纤维损伤小,一般用于要求轻度缩呢的织物,缩呢剂可选用雷米邦 A、净洗剂 LS、净洗剂 209 等,浓度为 20~40 g/L。中性缩呢液用量为呢坯质量的 95%~110%。

(3) 酸性缩呢。用硫酸或醋酸作为缩呢剂进行缩呢,缩呢速度快,纤维抱合紧,织物强力、弹性好,可防止有色织物脱色,缩呢后织物手感粗糙。此方法主要用于对强力要求高并且耐磨的产品。

酸缩呢时,织物先经净洗,然后在洗呢机中浸酸(硫酸浓度 0.2%~0.5%),酸液中也可加入少量平平加 O 或净洗剂 LS 等耐酸表面活性剂,运转 10~20 min 后,取出并轧去多余的酸,轧余率 85%~90%,然后进行缩呢。

(4) 肥皂缩呢。肥皂是性能优良的缩呢剂。经肥皂缩呢后,织物呢面平整,手感柔软丰满,光泽较好,常用于色泽鲜艳的高、中档毛织物。缩呢时,将洗呢后的湿坯用肥皂(约 100 g/L)、渗透剂、纯碱等进行缩呢。缩呢液 pH 值为 9.0 左右,温度为 35~40 ℃,缩呢剂用量为用手挤压呢坯可挤出缩呢液为宜。一般织物使用低凝固点的油酸皂,而紧密织物宜用高凝固点的硬脂酸皂。

(5) 先碱后酸缩呢。织物先用碱性缩呢,冲洗干净后再用酸缩呢,缩呢加工后的织物既有碱性缩呢的绒面和手感,又有酸性缩呢的紧密身骨和耐磨性。但由于加工工序比较复杂,生产效率低,缩呢用原料消耗较大,所以实际上采用的较少。

### (六) 缩呢长度计算

毛织物经缩呢后,粗纺织物的经向缩率一般是 10%~30%,纬向缩率一般为 15%~35%;精纺织物经向缩率一般为 3%~5%,纬向缩率一般为 5%~10%。计算方法及公式如下:

$$呢坯缩后长度(m) = 呢坯质量(kg) \times \frac{1-整理重耗率}{成品单位质量(kg/m) \times (1+伸长率)}$$

为了便于计算,将

$$\frac{1-整理重耗率}{成品单位质量(kg/m) \times (1+伸长率)}$$

作为缩呢系数,则呢坯缩后长度 = 呢坯质量 × 缩呢系数,其中整理重耗率是呢坯在整理过程中的质量损耗占呢坯质量的百分率:

$$整理重耗率 = \frac{生坯质量(kg)-成品质量(kg)}{生坯质量(kg)} \times 100\%$$

伸长率是呢坯在缩呢以后的加工过程中,产生的伸长占缩后呢坯长度的百分率:

$$伸长率 = \frac{成品长度(m)-缩后呢坯长度(m)}{缩后呢坯长度(m)} \times 100\%$$

在投产试验阶段,根据织物工艺设计单及以往实践经验估计,先求出整理重耗率,从而估算出缩呢系数及缩呢长度。形成成品后,再实际测出该产品的长度及成品质量,计算出实际重耗率和实际伸长率,然后再调整缩呢系数。

### (七) 缩呢疵病及其产生的原因

(1) 缩呢不匀。产生的原因:

① 呢坯洗涤不净或干湿不匀。

② 缩呢剂加入太多或太少,缩呢剂溶解不良。

③ 缩呢时,湿度过高或压力过大,造成缩呢作用过快而不匀。

(2) 折痕。产生的原因:

① 缩呢时呢坯长时间卷边或折叠。

② 缝头不平整,针距不符合要求或缝线过紧。

③ 呢坯经向两边张力不匀。

(3) 褪色沾色。产生的原因:

① 染料耐缩绒牢度差。

② 白坯或浅色坯缩呢时,机台内清洁工作不好。

③ 色坯缩呢后堆积时间过长。

## 六、脱水及烘干

### (一) 脱水

#### 1. 脱水目的

毛织物经湿整理后,含湿量较高,需要进行脱水。脱水的目的主要有以下三点:

(1) 排除织物内多余水分,便于搬运。

(2) 在缩呢、煮呢及染色之前毛织物湿坯先经脱水,可以防止织物带水过多冲淡加工溶液或降低溶液温度,避免影响加工效果。

(3) 烘呢之前脱水,可以省汽、省电,提高烘呢效率。

#### 2. 脱水设备

(1) 离心脱水机。离心脱水机(图 2-3-7)的脱水效率高,脱水后织物不伸长,但脱水不均匀。脱水时织物为绳状,运转时受到离心力的挤压作用,所以加工精纺织物等抗皱性较差的产品时,易产生折痕。

运转操作:加工时将织物均匀地装入带有许多小孔的不锈钢制的转笼中,转笼以 900 r/min 的转速高速旋转,产生的离心力将织物中的水分通过转笼小孔甩出,脱水后织物含湿量约为 30%～35%。

图 2-3-7 离心脱水机实物

（2）真空吸水机。真空吸水机（图2-3-8）脱水均匀，能连续生产，劳动强度低，但脱水效率相对较低，脱水后织物含湿率为35%～45%。加工时织物为平幅状态，所以适用于精纺毛织物。脱水时织物经向受到一定张力的作用，脱水后织物伸长约1%～2%。

真空吸水机上配有真空箱，其顶端有吸水器。加工时电动机带动真空泵，真空箱形成真空，当织物通过吸水器时，其水分被吸入真空箱。

（3）压力脱水机。压力脱水机（见图2-3-9）脱水效率高，脱水均匀，脱水后织物平整，但如果进布时不平整或轧辊压力不匀，毛织物易产生折印及变形。压力脱水机脱水后织物含湿率约为40%。

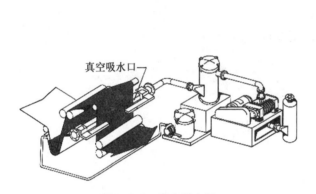

图2-3-8　真空吸水机

图2-3-9　开幅剖布轧水联合机实物

## （二）烘呢

### 1. 烘呢目的及要求

毛织物在湿整理后，需要进行烘干，以便于存放或进行干整理。还要根据产品规格要求及呢坯在后整理过程中的幅缩情况，确定其烘呢幅宽。

烘呢加工时不能将织物完全烘干，否则毛织物手感粗糙，光泽不好，但烘干不足，会使织物收缩，呢面不平整。所以烘干时要保持一定的回潮率，全毛织物及毛混纺织物回潮率一般控制在8%左右。

### 2. 烘呢设备

毛织物一般较厚，烘干较慢，所以宜采用多层热风烘干。生产上一般使用多层热风针铗拉幅烘干机，其结构如图2-3-10所示。

该机的工作幅宽1140～1830 mm，烘房温度为70～100 ℃，机内存呢长度约30 cm，具有自动进呢装置、超喂装置、呢坯脱针自停装置。烘呢热源可为蒸汽、煤气（液化石油气）或电加热等几种。

### 3. 影响烘呢的工艺因素

（1）温度及湿度。烘房内温度高、湿度低，烘呢效率高。如果烘呢温度过高，织物回潮率过低，烘后织物手感粗糙；而温度低，织物回潮率高时，烘后织物易变形，且幅宽不稳

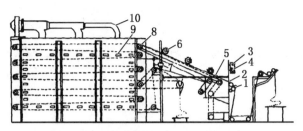

**图 2-3-10　多层热风针铗拉幅烘干机**

1—张力架　2—自动调幅、上针装置　3—无级变速调节开关　4—按钮　5—超喂装置
6—呢边上针毛刷压盘　7—调幅电动机　8—拉幅链条传动盘　9—蒸气排管　10—排气装置

定。烘呢温度精纺织物一般控制在 70～80 ℃，粗纺织物一般控制在 80～90 ℃。排气管排气量的大小要根据机内温度和湿度作适当调整，排气过大会降低机内温度，排气过小机内湿度过大，不利于烘呢加工。

（2）烘呢速度。烘呢速度应根据机器温度、湿度、织物含水率及风格来选择。

精纺织物一般可采用三种方式烘呢：一种是高温快速，即温度为 90～100 ℃、呢速为 16～20 m/min。该方法产量高，但烘后手感粗硬，质量差，一般不采用此法；另一种是中温中速，即温度为 70～90 ℃，呢速为 10～15 m/min，这种方法适用于含水较少的薄型织物；第三种方式是低温慢速，即烘房内温度为 60～70 ℃，呢速为 7～12 m/min，这种方法适用于厚型织物。

粗纺织物烘呢时，由于织物较厚，宜采用高温低速的方法，温度控制在 85～90 ℃，呢速为 5～8 m/min。

（3）张力。张力的大小直接影响成品质量及成品风格，所以要根据织物的规格要求做适当调节。张力大，烘后织物具有薄、挺、爽的风格，所以精纺织物烘呢时可采用大一些的张力，经向张力大了，纬向张力也要随之加大，一般幅宽要拉出 6～10 cm。精纺中厚型织物烘呢时，经向张力应适当小些，纬向以幅宽拉出 2～4 cm 为宜，以获得丰满厚实的手感。粗纺织物烘呢时，经向一般无张力，要超喂 5%～10%，纬向幅宽拉出 4～8 cm 即可，以增加织物的丰厚感。

## 任务 2-3-2　毛织物的干整理

### 【学习目标】

| 能力目标 | 知识目标 | 素质目标 |
|---|---|---|
| 能说出干整理主要工序及各工序的目的。 | 1. 熟悉毛织物干整理的定义、工序组成及各工序的加工目的。<br>2. 熟悉起毛、剪毛、刷毛、蒸呢、烫呢和电压的加工目的、主要加工对象及设备。 | 表达能力、归纳分析能力、自学能力、创新意识。 |

### 🖥 工作任务

借助思维导图工具，分析总结毛织物干整理各工序的加工对象、目的、设备。

### 🖥 知识准备

## 一、起毛

起毛就是利用起毛机械将纤维末端从纱线中拉出来，使织物表面均匀地覆盖一层绒毛。通过起毛加工，织物丰厚柔软、保暖性强、织纹隐蔽、花型柔和。根据毛织物品种不同，采用不同的起毛工艺，可以拉出直立短毛、卧伏顺毛、波浪形毛等，赋予织物不同的外观。起毛整理一般用于粗纺织物的加工，有些粗纺织物需要多次起毛，对粗纺织物来说，起毛是一道非常重要的工序。精纺织物要求呢面清晰、光洁，一般不进行起毛。

### （一）起毛机械

起毛加工是在专门的起毛设备上进行的。常用的起毛机有钢丝起毛机、刺果起毛机和起剪联合机等，其起毛作用都是用钢针或刺钩将纤维一端拉出形成绒毛。加工时织物沿经向前进，绒毛大部分从纬纱中拉出。

### 1. 钢丝起毛机

钢丝起毛机也叫钢针起毛机或针布起毛机，主要组成部分是起毛滚筒。在起毛大滚筒上装有 20 只、24 只、30 只或 36 只针辊，针辊既随大滚筒公转又可自转，起毛加工时，利用这些针辊进行起毛。钢丝起毛机按针辊上钢针指向不同，分单动起毛机和双动起毛机，其作用如图 2-3-11 所示。

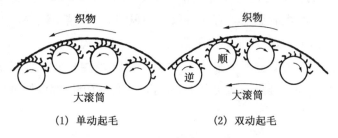

**图 2-3-11　钢丝起毛作用**

（1）单动起毛机。单动起毛机起毛针辊的转向和大滚筒的转向相反，并且所有针辊上的针尖方向一致，织物的运行方向与大滚筒的转动方向相反。起毛效果是依靠调节针辊速度来控制的，如果织物运行速度不变，针辊转速越大，起毛作用越强。

（2）双动起毛机。双动起毛机有两组数目相同的顺针辊和逆针辊，它们间隔地安装在大滚筒上，顺针辊的针尖与织物运行方向一致，而逆针辊的针尖与织物运行方向相反。但无论何种针辊，其转动方向都是一致的，并且它们既自转，又随起毛大滚筒公转，自转与公转方向相反。这种起毛机的起毛大滚筒转速固定，而织物、顺针辊、逆针辊的速度可分别调节。双动起毛机存在两组不同的针辊，因此，其中存在着两组不同的起毛系统，即顺起毛系统和逆起毛系统。

在顺起毛系统中,当起毛大滚筒的线速度与顺起毛针辊线速度之差等于呢速时,其针尖与织物之间没有速度差,则顺针辊不起作用;而当两者速度之差大于呢速时,顺针辊发生起毛作用;如果线速度之差小于呢速,顺针辊只有梳理作用。

在逆起毛系统中,当起毛大滚筒的线速度和逆针辊的线速度之差等于呢速时,逆针辊针尖与织物之间没有速度差,则逆针辊不起作用;当线速度之差小于呢速时,逆针辊有起毛作用,当线速度之差大于呢速时,逆针辊只有梳理作用。

总之,当逆针辊和顺针辊与织物之间没有速度差时,这两组起毛辊都不发生起毛和梳理作用,针尖插入织物时,只是将纱线中的部分绒毛带出,产生轻微的起毛作用,此时对织物损伤最小,称为零点起毛。

在双动钢丝起毛机中,顺逆针辊的转速、织物运行速度、张力以及钢针的锐利程度都直接影响起毛效果。一般情况下,逆针辊线速度越快,顺针辊线速度越慢,起毛能力越强;织物运行速度越慢,则起毛力越大,所以降低织物运行速度可提高起毛效率。针尖的锐利程度,会直接影响起毛效果,针尖锐利,可起出厚密的短毛;针尖发钝时,可起出长毛。

钢丝起毛机生产效率高,但由于起毛作用剧烈,易拉断纤维,所以对织物强力有影响,普通钢针易生锈,所以常用于干坯起毛。图2-3-12为NC32型钢丝起毛机。

**2. 刺果起毛机**

刺果是一种野生植物的果实,表面长满锋利的钩刺,其长度在 30～110 mm。织物起长毛时可选用大刺果,起短毛时可选用小刺果。使用前,将刺果汽蒸或热水处理,以提高钩刺的韧性。将处理后刺果排列在滚筒上便可制成起毛滚筒。根据刺果排列方式不同,刺果起毛机可分直刺果起毛机和转刺果起毛机两种。

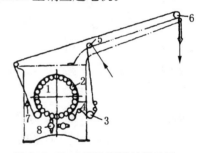

**图 2-3-12 NC32 型钢丝起毛机**
1—起毛滚筒 2—针辊 3—张力制动辊
4—扩幅辊 5—进呢导辊 6—出呢导辊
7—毛刷 8—钢丝刷

（1）直刺果起毛机。选择均匀一致的刺果,用热水浸泡后装在刺果架上,再将刺果架安装在起毛滚筒上,就成为直刺果起毛机。直刺果起毛机又分单滚筒式和双滚筒式。起毛时,滚筒的转向和织物运行方向相反,起毛效果由接触辊的辊数控制。刺果起毛一般在润湿状态下进行,滚筒转动时,钩刺刺入织物后拉出纤维,起毛作用较轻,纤维不易被拉断。刺果起毛对纤维损伤小,起出的绒毛较长、光泽好,一般用于高级大衣呢的起毛。植物刺果价格高,并且来源也受到限制,现在已改用金属刺果或塑料刺果。图2-3-13为NC034型直刺果起毛机示意图。

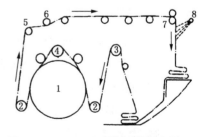

**图 2-3-13 NC034 型直刺果起毛机**
1—刺果起毛滚筒 2—调节导辊
3—进呢张力辊 4～7—工作辊
8—喷水口

（2）转刺果起毛机。转刺果起毛机是将刺果串穿在小轴承上，轴芯和滚筒转轴倾斜安装，倾斜角为 $13°\sim15°$。刺果随织物被动旋转，由此织物的经纱和纬纱都受到一定的起毛作用。

转刺果的起毛作用柔和，起出的绒毛蓬松柔和，光泽润目，其排列形式如图 2-3-14 所示。

图 2-3-14　转刺果排列形式

### （二）起毛方法

起毛方法按毛织物的状态可分干起毛和湿起毛两种。按设备分有钢丝干起毛、钢丝湿起毛、刺果湿起毛和刺果水起毛几种。

（1）钢丝干起毛。干起毛起出的绒毛浓密，但落毛较多，起毛方法有生坯干起毛和染后干起毛。生坯干起毛一般用于制服呢和普通大衣呢，起毛目的是缩呢前拉出一层绒毛，以提高缩呢效果。粗纺织物一般采用染后干起毛，以简化工序，提高生产效率，降低生产成本。

（2）钢丝湿起毛。钢丝湿起毛较少单独使用，属于刺果起毛的预备性起毛。毛织物经湿整理后，先用钢丝湿起毛拉出织物表面绒毛，再用刺果起毛机拉出长而柔软的绒毛。这种起毛方法适用于高级呢绒，生产时要选用不锈钢针。

（3）刺果湿起毛。刺果湿起毛起出的绒毛长而柔顺，光泽悦目，织物手感丰厚，一般用于粗纺长绒面品种的后阶段起毛，如羊绒大衣呢等。起毛时先选用旧刺果轻起毛，然后再用部分新刺果全面深入起毛。

（4）刺果水起毛。织物起毛时先通过水槽，在带水情况下进行起毛，由于羊毛充分膨润，此时更易拉出长毛来。羊毛本身有卷曲性，起毛时多次拉伸和复原，使拉出的绒毛柔顺，呈波浪形，刺果水起毛常用于波浪花纹的羊绒织物和具有波浪的长毛提花毛毯。

织物起毛的难易以及起毛效果与原坯品质、含油量、毛纱质量、织物组织结构、织物含水量及起毛前工序加工等都有关系。如羊毛纤维较长，原纱捻度较低，经纬纱交织点少，毛坯为含水状态等情况下，可以起出长绒毛。起毛加工要根据织物起毛类型、染整工艺等严格控制起毛条件，才能获得良好的起毛效果。

### （三）起毛常见疵病及产生的原因

（1）起毛不匀。如果起毛时呢坯张力不匀，呢坯含湿不一致，或者钢针锋利程度不同等都会造成起毛不匀。

（2）起毛条痕。产生的原因是缝头不良、刺果大小差异过大或安装不当以及钢丝针辊或刺果中嵌有杂物。

（3）破边。产生的原因是边线过紧或组织不良，起毛时边部起毛力过大（如针辊边部高而锋利）。

（4）色毛。如果织物上机起毛前没有做好机台或堆布车的清洁工作，就会使织物起毛后带有色毛。

## 二、剪毛

无论是精纺毛织物还是粗纺毛织物都需要进行剪毛。粗纺毛织物剪毛目的是将起毛后呢面上长短不一的绒毛剪齐,使呢面平整,获得良好的外观;精纺毛织物剪毛后要求纹路清晰,呢面光洁,改善光泽。因此,对于毛织物来说,剪毛是一道重要的工序。

### (一) 剪毛设备

剪毛机有纵向(经向)剪毛机、横向(纬向)剪毛机和花式剪毛机三种。毛纺厂使用较多的是纵向剪毛机。纵向剪毛机有单刀式和三刀式两种,这两种剪毛机的主要机构都是由螺旋刀、平刀和支呢架三部分组成,如图 2-3-15 所示。

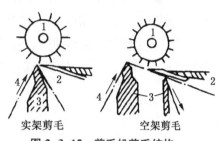

**图 2-3-15　剪毛机剪毛结构**
1—螺旋刀　2—平刀　3—去呢架　4—呢匹

支呢架的作用是支撑受剪呢坯接近刀口,有实架(单床)和空架(双床)之分。采用实架剪呢时剪毛效率高,剪毛绒面平整,但如果织物背面有纱结或硬杂物时,易剪破呢坯,所以实架剪毛对呢面的平整性要求较高。空架剪毛不易剪破织物,但效率较低,剪后呢面不易平整,所以加工时采用实架剪毛较多。

螺旋刀的旋向有左旋和右旋两种,每一种都是由中心轴和卷绕在它上面的螺旋刀片组成。刀片数目一般为 20~24 片。在三刀式剪毛机上,第一组螺旋刀片采用右旋,第二组采用左旋,第三组又为右旋。螺旋刀的刀口有两种,一种是光刀口,另一种是刀片里侧刻有锯齿细纹。光口刀剪毛时,毛易滑动,常用于精纺织物剪毛;有锯齿的刀片,用于粗纺织物剪毛,它能够控制纤维的倒伏,防止纤维滑动,利于剪毛。

平刀刀刃部分非常锋利,剪毛时与螺旋刀形成剪刀口。在加工过程中,为了获得良好的剪毛效果,必须调整好平刀、螺旋刀和支呢架三者之间的相对位置。平刀与螺旋刀成切线位置、支呢架与刀口的距离应视织物品种和呢面要求而定。精纺薄织物呢面要求光洁,支呢架与刀口的距离要小些;而粗纺织物和精纺中厚织物要求有一定的绒面,支呢架与刀口的距离要大些,工厂多用隔距片或牛皮纸来调整。

### (二) 影响剪毛效果的因素

(1) 螺旋刀与平刀之间的角度。角度越小,剪毛效率越高。一般采用的角度为 20°~30°左右。

(2) 螺旋刀刀片数目。刀片数目越多,剪毛效果越好。工程上一般采用 20~24 片。

(3) 剪毛隔距。可根据织物厚度和剪毛要求而定。精纺织物要求光洁,隔距一般为 15~30 $\mu m$;粗纺织物要求为绒面,隔距一般为 40~70 $\mu m$。

(4) 剪毛次数。精纺织物如经过烧毛工序,可少剪几次;湿整理后如果呢面发毛,应多剪几次。剪毛次数应根据试验后的剪毛效果来确定。

### （三）剪毛方法及注意事项

（1）剪毛方法。以三刀剪毛机为例，织物通过刷毛辊，将织物底绒刷起，然后通过展幅装置进入剪毛口，剪落的绒毛进入吸尘装置，织物经剪毛后，再经刷毛辊刷毛后出机，进入下一个剪毛区，再次剪毛。

（2）剪毛注意事项。织物剪毛时，要使剪毛刀口与支呢架之间的距离始终保持一致，织物进机时要展幅，不能卷边、折皱，同时织物不能有纱结或硬杂物，以防剪坏织物及损伤刀口。剪毛机如没有自动抬刀装置，当接头过刀口时，应将螺旋刀及平刀一同抬起，接头通过后立即轻放，避免剪断织物。如果织物品种不同、颜色不一，就不能同机剪毛。

## 三、刷毛

### （一）刷毛目的

刷毛分剪前刷毛和剪后刷毛两种。剪前刷毛的目的是去除呢面上的杂物，并使绒毛竖起，利于剪毛；剪后刷毛可去除呢面上剪下的短绒毛，形成同一方向绒毛，使呢面光洁。粗纺毛织物经过蒸刷加工后，绒毛可向同一方向顺伏，赋予织物良好的外观。

### （二）蒸刷设备

刷毛一般在蒸刷机上进行，常用蒸刷机结构如图 2-3-16 所示。蒸刷机上有汽蒸箱，内有蒸汽管。织物进机后，先通过汽蒸箱上的不锈钢多孔板，绒毛经汽蒸后变软易刷。蒸汽给汽量因织物品种而异，以透过织物为宜。精纺织物刷毛的目的主要是刷净织物表面，所以可不经汽蒸直接刷毛。蒸刷机上有两只刷毛滚筒，是猪鬃制成的，转向与织物相反，和织物有四个接触点。根据品种不同，可调节织物与刷毛滚筒的接触面。

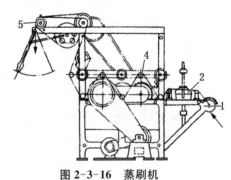

**图 2-3-16　蒸刷机**
1—张力架　2—蒸汽箱　3—刷毛滚筒
4—导辊　5—出呢导辊

蒸刷时，蒸汽压力及织物张力都不宜过大，否则织物伸长过多，会影响其规格及缩水率。蒸刷后应放置几小时，使织物充分回缩，降低缩水率。

## 四、烫呢

烫呢就是把含有一定水分的毛织物通过热辊筒受压一定的时间，使织物呢面平整、身骨挺实、手感滑润、光泽良好。要求纹路清晰的精纺织物和一般的粗纺织物均需要烫呢，但厚绒或要求绒毛直立的粗纺织物，不需要烫呢整理。

烫呢整理的缺点是光泽不够自然持久、手感板硬，织物易伸长。

### (一) 烫呢机

烫呢机又叫做回转式压光机,有单床、双床之分,其中以单床应用更为普遍。烫呢机的主要机构有大滚筒、上下托床、加压油泵和蒸汽给湿装置等。图2-3-17为烫呢机示意图。

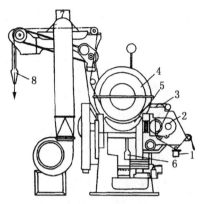

大滚筒为中空结构,内可通入蒸汽加热,其表面刻有纹线,运转时可带动织物前进。托床可通入蒸汽加热,其内面为铜质光板,上、下托床可通过油泵活塞压向大滚筒。织物通过大滚筒和托床时,呢坯受到一定的压力作用和摩擦作用,从而产生烫呢效果。

**图 2-3-17　烫呢机**

1—遇针自停装置　2—毛刷辊
3—蒸汽给湿装置　4—滚筒　5—托床
6—油泵　7—冷却风管　8—落布架

### (二) 烫呢工艺

烫呢加工效果与大滚筒和托床之间的压力、大滚筒和托床的温度、织物受压次数及织物前进速度有关,同时织物的回潮率及出机后的冷却方式均会影响烫呢效果。

烫呢时,大滚筒和托床的温度为100～120 ℃,上、下托床与滚筒的压力视织物品种、风格的不同而不同。织物受压次数与机型有关,单托床式烫呢机为一次,双托床式烫呢机为两次。织物的前进速度在4～6.5 m/min 范围内,织物出机后,使用风扇迅速冷却。

烫呢一般安排在蒸呢前进行,可使织物光泽好,身骨挺。也有少数品种在蒸呢后进行,可减少织物的烫后伸长和纬缩,光泽较足。

## 五、蒸呢

毛织物经过前几道工序的加工后,由于受到张力和拉伸作用发生一定的伸长,织物内部存在内应力,如果此时将织物制成服装,容易发生变形,因此,织物在整理的最后阶段,必须经过蒸呢加工。蒸呢是使织物在张力、压力的条件下经过汽蒸,使其呢面平整、形态稳定、手感柔软、光泽润目及富有弹性的加工过程。

蒸呢是粗纺毛织物的最后一道整理工序,它对织物获得永久定形、稳定织物尺寸、降低缩水率至关重要。

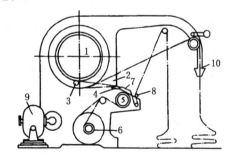

### (一) 蒸呢机

常用的蒸呢机有单滚筒蒸呢机、双滚筒蒸呢机和罐蒸机。

#### 1. 单滚筒蒸呢机

结构如图2-3-18所示。

蒸呢机的主要机构为轴心可通入蒸汽的多孔

**图 2-3-18　单滚筒蒸呢机**

1—蒸呢滚筒　2—活动罩壳　3—压辊　4—烫板
5—进呢导辊　6—包布辊　7—展布幅　8—张力架
9—抽风机　10—折幅架

钢质大滚筒(蒸辊)。蒸呢时,平幅织物和呢包布同时卷绕在蒸辊上,在运动状态下,首先蒸出滚筒内蒸汽,待蒸汽透出呢面后,关闭活动罩壳,开始计汽蒸时间。蒸至规定时间后,换蒸汽由外向内蒸呢。在整个蒸呢过程中,抽风机将透过呢层的蒸汽抽走。蒸呢结束时,关闭蒸汽,开启罩壳,并将织物和蒸呢包布抽冷抽干,然后织物退卷出机。

由于该机蒸呢滚筒直径大,织物卷绕层薄,同时由于蒸呢和抽冷的双向性,所以蒸呢作用均匀、效果好,蒸后织物身骨挺括、手感滑爽、光泽柔和持久。单滚筒蒸呢机一般适用于薄型织物。

**2. 双滚筒蒸呢机**

双滚筒蒸呢机是由两个多孔的蒸呢滚筒组成,其直径小于单滚筒蒸呢机的蒸呢滚筒。滚筒轴心可通入蒸汽。这种蒸呢机由于蒸呢与抽冷都是单向的,而且蒸呢滚筒上卷绕的呢层较厚,所以内外层织物的蒸呢效果差异较大。织物在一个蒸呢滚筒上蒸呢后,必须调头蒸第二次。双滚筒蒸呢机冷却速度较慢,定型作用缓和,蒸后织物手感柔软,而且由于两个滚筒可交叉蒸呢,所以生产效率高。

**3. 罐蒸机**

罐蒸机的主要机构为蒸罐和蒸辊。罐蒸时,先将罐内抽成真空,将蒸汽交替由蒸辊内部和外部通入,使织物在压力状态下以较高的温度进行蒸呢。蒸呢结束后,抽去蒸汽,通入空气,开罐并通过轴心抽冷,然后出呢。

罐蒸机的蒸呢作用强烈,由于可内外喷汽和抽冷,所以蒸呢效果均匀,蒸后织物定型效果好,既有坚挺的身骨,又具有永久的光泽。进布、出布、卷绕、抽冷均可在罐外进行,生产效率高,但罐蒸后呢坯强力有所下降。

**(二) 影响蒸呢效果的因素**

(1) 压力和时间。从织物蒸呢效果来说,蒸汽压力越高,蒸呢时间越长,蒸呢定型效果越好,蒸后织物呢面平整,手感挺括,光泽较强。但蒸呢时压力过高、时间过长,会损伤羊毛,造成织物强力下降,所以应控制好蒸泥压力和蒸呢时间的关系,即压力大则时间短,压力小则时间长。但时间不能过短,压力不能过低,否则蒸呢效果不好。生产中蒸汽压力一般采用 147.1～294.2 kPa,蒸呢时间为 7～15 min(由内通蒸汽和由外给蒸汽的时间各半)。

(2) 卷绕张力。蒸呢时的卷绕张力要根据织物品种加以调整,一般来说,精纺薄型织物张力大些,蒸后织物呢面平整,手感挺括、滑爽,光泽较强。精纺中厚织物张力宜小些,蒸后织物手感活络。粗纺织物比较厚,张力宜大些。但是张力不能过大或过小,过大织物手感呆板,缩水率会增加,并且织物易产生水印;过小则光泽不足,易产生波纹横印,定型效果不理想。

(3) 蒸呢后冷却。蒸呢后的抽冷可使定型作用固定下来,织物冷却越充分,定型效果越好。如果抽气冷却不充分,则呢面不平整,手感松软,无光泽。冷却时间应视织物品种而定,一般 10～30 min,要求织物出机时温度不高于 30℃。

(4)蒸呢包布。蒸呢包布的选择对蒸呢后织物的光泽、手感都会产生直接影响。蒸呢包布有光面和绒面两种。使用光面蒸呢包布蒸呢,蒸后织物光泽强,身骨好;而使用绒面蒸呢包布蒸呢,蒸后织物光泽柔和,手感柔软。蒸呢包布强力要高,组织要紧密,表面要光洁而平整。包布幅宽要比呢坯宽,而且包布不宜过短,织物卷绕于蒸呢辊上后包布还要多绕数圈,否则局部蒸汽逸散后会造成蒸呢不匀。

在进行蒸呢操作时,必须保证呢坯两边和中间受热均匀一致,这样才能保证蒸呢效果的均匀一致。蒸前要保证呢坯的幅宽均匀,并且也要控制蒸后呢坯幅宽的变化,使用的蒸呢包布必须保持干燥,否则易产生蒸呢疵病。

### (三) 蒸呢主要疵病及产生的原因

(1)蒸呢水印。指蒸呢后织物的表面产生云状或鱼鳞状斑痕,其形成原因是呢匹卷绕过紧,包布张力过大。

(2)搭头印。指呢坯纬向出现不规则的横印,形成原因是呢头处理不平整或者初开车时张力过紧。

(3)边深浅。形成的原因是包布或呢坯卷绕不齐或者幅宽差异大的呢坯同机蒸呢。

(4)折痕。产生的原因是张力不当造成进呢不平整。

(5)横档印。产生的原因是开车时张力松并且蒸汽开得大,抽冷时织物突然收缩形成横向凹凸形状。

## 六、电压

经过湿整理和干整理后的精纺毛织物,表面不够平整,光泽较差,尚需经过电压整理,改善其外观。

在毛织物整理中,电压就是使织物在一定的温度、湿度及压力条件下作用一定的时间,通过这种作用,织物可获得平整的呢面、滑润坚挺的手感以及悦目的光泽。电压整理是一般精纺织物在染整加工中的最后一道工序,除要求织纹饱满的织物(华达呢、贡呢等)以外,都需要经过电压整理。

### (一) 电压机及其操作

图 2-3-19 为常用电压机结构示意图。这种类型电压机的操作过程是:先将织物通过折呢机上的落布架送到夹呢车上,与此同时要将电热板和电压纸板依次插入呢层中,插入原则是每层织物的两面都要有电压纸板。每匹呢坯至少需插入一张电热板,并且为防止烧坏织物,电热板上、下要多加几张电压纸板。折

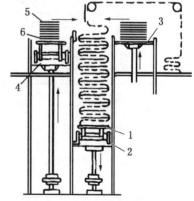

图 2-3-19 电热压光机

1—夹呢车 2—中台板 3—右台板
4—左台板 5—纸板 6—电热板

呢要求织物平整,布边整齐,张力均匀。折呢完毕后将夹呢车推到压呢机上,加压至规定压力,旋紧螺母,使织物处于压力条件下,然后通电加热。

加热时,通过温度调节器控制温度,保温加热完毕后,织物在压力状态下冷却。同一呢坯必须经第二次电压,第二次电压时,要将第一次压呢时的折叠处折到纸板中心去,这样才可使整匹织物电压效果均匀一致。

**(二) 电压工艺参数**

电压工艺参数应根据织物组织规格和产品风格进行适当的调整。

(1) 压力。压力视织物品种、风格而定。要求光泽柔和、手感活络的织物,压力宜小些。薄型织物宜压力大些,一般为 24.5～29.4 MPa;中厚织物应小些,一般为 14.7～19.6 MPa。

(2) 温度。温度越高,织物光泽越强,但如果温度过高,则容易产生极光及电压板印。对于光泽要求高的产品,电压时温度可高些(65～70 ℃);需要一般光泽的织物,温度可稍低些(55～65 ℃);而对要求自然光泽的织物,温度应更低些(45～50 ℃)。保温时注意织物的温度要保持一致。

(3) 时间。电压时间包括保温时间和冷却时间。通电达到规定温度后,要保温 20～30 min,以使呢坯受热均匀。冷却时间指的是降温冷压时间,冷压时间长,可使织物充分冷却定型,光泽足且持久;冷压时间不够,则光泽不强且易消失。一般冷压时间为 12 h,有的织物可达 24 h。

(4) 织物含湿率。含湿织物可塑性大,电压加工时易获得理想的效果,但含湿不能过高,否则电压后织物易产生刺目极光,手感疲软。如果含湿量过小,则电压后织物手感粗糙、光泽差。全毛织物含湿率一般控制在 15% 左右。

## 任务 2-3-3　毛织物的特种整理

**【学习目标】**

| 能力目标 | 知识目标 | 素质目标 |
| --- | --- | --- |
| 1. 具备毛织物防水整理工艺设计和实施能力。<br>2. 能够参照测试标准,进行沾水效果测试。 | 1. 理解引起毛织物收缩的原因。<br>2. 熟悉防缩整理的方法和原理。<br>3. 掌握毛织物防水方法、常用防水剂及工艺过程。<br>4. 熟悉防蛀方法和常用防蛀剂。 | 团结协作;交流表达能力、自学能力、环保意识。 |

**工作任务**

设计毛织物防水整理工艺,并进行织物沾水效果测试。

**知识准备**

毛织物除进行湿整理和干整理外,还可根据织物的特殊要求进行特种整理。毛织物的特种整理包括防缩、防蛀和防水整理等。

# 一、防缩整理

## (一) 毛织物发生收缩的原因

(1) 松弛收缩。一般毛织物的染整加工大多采用松式或张力较小的设备。虽然如此,但织物内部仍然或多或少存在一定的内应力,使毛织物存在一定的潜在收缩倾向,润湿后织物内的内应力释放,便会产生缩水。为克服缩水问题,使织物在使用中具有良好的形态稳定性,毛织物需要进行防缩整理。

(2) 毡化收缩。由于羊毛纤维的鳞片层结构可引起定向摩擦效应,加之羊毛纤维的高弹性和回缩性,使羊毛纤维具有缩绒性。羊毛纤维的这种特性,使毛织物在洗涤过程中会发生毡缩现象。毡缩对织物尺寸稳定性的影响非常大,同时它还可影响织物的外观质量,如造成精纺毛织物纹路不清等,极大地影响织物的服用性能。为改善织物的使用性能,保证织物获得真正的尺寸稳定性,必须降低羊毛纤维的缩绒性,需要对羊毛织物进行防毡缩整理。

## (二) 整理方法

### 1. 防缩整理

毛织物防缩整理的目的是释放织物的内应力,消除其潜在收缩。整理方法大多采用预缩整理。

预缩整理就是将织物经温水浸轧后,进入悬挂式干燥机中,使织物在松弛状态下,用温度较低的热风缓慢烘干。此外,还可以在帘式预缩机上,使织物经过汽蒸、烘干,达到预缩整理的目的。

以 MB461 型防缩机为例,其预缩工艺流程为转鼓喷汽给湿→加热板烘烫预缩→喷雾冷却预缩。工艺原理是:织物通过蒸汽给湿,使纤维充分膨化,织物在完全松弛状态下进入加热区,烘干后获得首次收缩效应。然后再经过喷雾急速冷却,造成再次收缩效应(喷出的水雾若经过低温处理,冷却预缩效果更佳)。经过两次收缩,可达到减小织物的缩率,提高织物手感、光泽等效果。

### 2. 防毡缩整理

羊毛的鳞片层是羊毛具有缩绒性的主要原因,所以破坏羊毛的鳞片层,降低其弹性,限制羊毛纤维分子之间的相对运动,就可起到防毡缩的作用。羊毛防毡缩整理的基本方法大致有两种,一是破坏羊毛的鳞片层,降低羊毛纤维的定向摩擦效应;二是在纤维表面的鳞片层结构上覆盖聚合物或采用交联剂,在羊毛大分子间建立新的、稳定的交联键,从而增加纤维间的滑移阻力。生产上采用较多的是第一种方法,由于羊毛纤维表面结构遭到一定程度的破坏,加工中要严格控制工艺条件,避免纤维强力下降过多。下面以氧化法、氯化法为例介绍防毡缩整理工艺。

(1)氧化法。氧化法常采用的氧化剂是高锰酸钾。高锰酸钾作用于羊毛纤维后,羊毛的缩绒性降低,且光泽、手感较好,但强力及弹性有所下降。

① 高锰酸钾氧化法工艺流程:

温水处理→氧化剂处理→水洗→还原剂处理→皂洗→中和→水洗

② 工艺条件:处理液温度为 40~60 ℃,时间为 10 min。

a. 温水处理:使羊毛织物充分均匀润湿,有利于氧化剂处理。

b. 氧化剂处理:

处理液组成:

| | |
|---|---|
| 饱和食盐水(o. w. f.) | 5% |
| 高锰酸钾(23°Be) | 约 5 mol/L |
| 温度 | 40 ℃ |
| 时间 | 60 min,溶液由紫红变为淡红 |
| 浴比 | 1:(20~30) |
| 水洗:室温条件下清水洗 | 10~15 min |

c. 还原剂处理:去除沉积在纤维上的二氧化锰。

还原液组成:

| | |
|---|---|
| 亚硫酸氢钠 | 3.75 g/L |
| 硫酸(66°Be) | 2.7 ml/L |
| 温度 | 40 ℃ |
| 浴比 | 1:40 |
| 时间 | 20 min(粉红色消失为止) |
| pH 值 | 1.5 |

皂洗液组成:

| | |
|---|---|
| 工业皂粉(质量分数) | 0.2% |
| 温度 | 室温 |
| 时间 | 10 min |

d. 中和清洗:

| | |
|---|---|
| 氨水或纯碱(质量分数) | 2%~3% |
| 温度 | 室温 |
| 时间 | 10 min |

(2)氯化法。氯化法就是利用某些含氯化学药品与羊毛作用,破坏羊毛表面的鳞片,获得防毡缩效果。传统的方法是,使用氯气、次氯酸钠、亚氯酸钠等,由于这些药品的使用对设备要求高或工艺控制较难,已逐步被淘汰。现在广泛使用含有活性氯的有机氯化合物,

如巴佐兰 DC 类(二氯异三聚氰酸及其钠盐)进行氯化处理,然后用还原脱氯处理的方法进行氯化防毡缩整理。其原理如下,巴佐兰 DC 在水溶液中发生水解反应:

$$\text{Cl—N} \cdots \text{N—Cl} + 2\text{H}_2\text{O} \Longrightarrow \text{H—N} \cdots \text{N—H} + 2\text{HOCl}$$

水解生成的次氯酸(HOCl)释出低浓度有效氯与羊毛缓慢反应使织物获得防毡缩效果。这种方法的优点是防毡缩效果均匀,对羊毛无损伤。处理过程中可通过控制整理液 pH 值和温度来控制反应速率,整理工艺如下:

① 工艺流程:

前处理→氯化处理→脱氯处理→柔软整理(根据需要)→清洗

② 工艺条件:

a. 前处理:净洗剂 0.1%～0.2%,在 50 ℃条件下处理 10 min,然后水洗两次。

b. 氯化处理:处理液组成为巴佐兰 DC 2.5%～5%、无水焦磷酸钠 2%～3%、元明粉或食盐 2 g/L,用醋酸调节处理液 pH 值至 4.5～5,30～40 ℃条件下处理 60～90 min(根据液体循环量而定)。氯化效果可用碘化钾溶液测试残液耗氯量,碘化钾溶液为浅黄色时,证明氯已被耗尽。

c. 脱氯处理:还原剂亚硫酸氢钠 2%～3%,用醋酸调 pH 值到 4～6,在 40 ℃条件下处理 15 min,然后清洗出机。

(3) 等离子体是部分或完全电离的气体(液体或固体),其中自由正、负电荷总和是相等的,一般认为是分子、原子、离子、自由基、光子等的复合体,如自然界中的闪电、极光等现象就是等离子体。低温等离子体技术可在不改变聚合物母体性质的基础上,改善聚合物的表面性质,是一种环保、高效的干态加工技术,在纺织品表面改性上有诸多应用。常用于纺织品改性的低温等离子体分为电晕放电和辉光放电,后者比较稳定,改性效果较好。

等离子体具有较高的能量,可以在织物表面产生表面刻蚀、引发交联、接枝聚合等作用。利用等离子体处理羊毛后,发现其顺、逆摩擦系数均有提高,而顺、逆摩擦系数之差降低即定向摩擦效应降低,从而使羊毛获得一定的防缩效果。

(4) 生物酶防毡缩整理工艺。采用多种蛋白酶协同作用来破坏羊毛纤维鳞片层,也能在一定程度上起到防毡缩的效果。

## 二、防蛀整理

由羊毛制成的绒线、毛织物,在服用及贮藏过程中常被蛀虫咬坏,造成损失。食毛的蛀虫大致可分两类:一类属于鳞翅目蛾蝶类的衣蛾;另一类属于鞘翅目甲虫类的皮蠹。

这些食毛虫以蛋白质作为食料,可破坏羊毛纤维。防蛀整理就是防止食毛幼虫在毛制产品上生长,要达到这一目的可通过两个途径:一是蛀虫驱杀;二是改变羊毛纤维的性质,使之不再成为蛀虫的食物。

防蛀剂驱杀法是选用具有杀虫、防虫作用的物质,借助羊毛纤维的吸附作用将这类物质固着于纤维上而起到防蛀作用的方法。实际生产中,根据杀虫能力、毒性大小、环境保护、加工工艺等合理选用防蛀剂。

**1. 防蛀剂分类**

(1)升华性防蛀剂。升华性防蛀剂有樟脑、萘、对二氯苯等,主要借助于试剂的强烈的特异臭味,使蛀虫逃避,或利用其挥发性气体使蛀虫吸入而将其毒杀,其中,对二氯苯的防蛀效率最高。

(2)无色酸性染料结构防蛀剂。在酸性条件下,这类防蛀剂对羊毛有较大的亲和力,可与酸性染料同浴染色,对色泽和染色牢度影响较小,防蛀效果较高、毒性小,但对染料的上染率有影响,同浴染色中,若控制不当易产生色花。

(3)氯化联苯醚类防蛀剂。可形成盐溶于碱性溶液,防蛀效果较好,对工艺适用性较强,可适用于各种不同的处理方法。

(4)合成除虫菊酯类防蛀剂。天然除虫菊酯虽有防蛀作用,毒性小,但不耐光且易水解。合成除虫菊酯是天然除虫菊酯的变性化合物,不仅防蛀效果好,而且有较高的稳定性,是目前应用较多的一类防蛀剂。

**2. 防蛀整理方法**

常见的防蛀整理方法有以下几种:

(1)和染料同浴使用。该方法是目前应用最广泛的方法。在染液中加入防蛀剂,在染色过程中同步完成防蛀整理。由于染色时间长、温度高,防蛀效果的耐洗性较好,但长时间沸染会使某些防蛀剂遭到破坏,而且有些助剂会抑制羊毛纤维对防蛀剂的吸收,需适当选择应用。

(2)精练加工中应用。与染色同浴类似,将防蛀剂加入到羊毛散纤维或毛织物的精练液中,在精练过程中完成防蛀加工。该法应用方便,但处理温度低,时间短,防蛀剂不能充分渗进纤维内部,坚牢度较差。

(3)和润滑剂同浴应用。将防蛀剂加入纺纱油剂中,再对羊毛纤维施加油剂。由于大部分防蛀剂附着在羊毛纤维的表面,因此牢度偏低。

(4)溶剂法。溶剂法适用于疏水性防蛀剂,通常先将防蛀剂与水混合,然后将其分散于溶剂中,再被羊毛吸收。溶剂法防蛀处理必须洗净羊毛纤维上的表面活性剂后再进行,主要用于地毯纱的防蛀加工。

## 三、防水、防油整理

户外、家纺、产业用纺织品等应用领域中,如运动服、雨衣、装备盖布、消防救援服等,都需要面料有防水作用。织物的防水整理又分为透气性防水整理和不透气性防水整理，后者的穿着舒适性差，一般不用于服装面料加工。

面料的润湿性一般用液滴与固体表面的接触角来表示。当接触角为 0° 时，面料表面被完全润湿；接触角＜90° 时，面料表面被部分润湿；接触角＞90° 时，表示面料有拒水的作用。液体对面料的润湿程度与液体和面料的表面张力相关，一般来说表面张力大的液体在表面张力小的面料表面是不易润湿的。雨水的表面张力是 73 mN/m，油类的表面张力是 20～30 mN/m，所以面料要具有较好的防水、防油效果，其表面张力应小于 20 mN/m，这样水、油等物质就难以渗入面料内部，从而对面料起到防护效果。

目前在国内外消费市场中，纺织面料防水整理剂主要有含氟碳结构的防水、防油整理剂和被大多数消费者接受的无氟防水整理剂两大类。

### （一）含氟碳结构的防水、防油整理剂

氟碳类防水整理剂的防水、防油性能取决于其碳链的长短（也就是氟化物含量），嵌入到碳链上的氟化物越多，碳链就越长，分子之间的稳定性就会越好，防水、防油的效果也就随之增强。

#### 1. C8 类防水剂

防水、防油效果好，但在其生产中会添加含有 PFOS（全氟辛烷磺酰基化合物）与 PFOA（全氟辛酸）等的化学物质。

PFOS 是生产氟碳防水、防油剂的重要单体，可以使防水剂具有很好的防水、防油性能。但是防水面料中含有的 PFOS 具有很强的迁移性，在汗水浸渍、紫外线照射等条件下会产生游离，在接触人体表层皮肤时，部分 PFOS 会与人体血液中的血浆蛋白结合，累积于肝器和肌肉组织中。试验证明，当动物体内 PFOS 含量达到 2 mg/kg 时，会导致其生病乃至死亡。PFOS 很难被降解，目前通常采用高温处理将其破坏。因 PFOS 对人类安全和生态环境的严重危害引起了国际社会的关注，欧盟从 2008 年 6 月 27 日起对 PFOS 实施限用措施。

PFOA 作为疏水基碳链全氟化的含氟表面活性剂，是类似于 PFOS 的物质，同时也是防水整理剂中仅次于 PFOS 的重要原材料。具有与 PFOS 相似的各种生物毒性，而且有持续性的生物积累性，所以一些国家也陆续出台了关于 PFOA 的限制性法规。由于目前世界各国尚无行之有效的方法来解决氟碳类防水整理剂中的 PFOS 和 PFOA 可能对动物体产生致病毒性累积及影响生态环境等问题，当欧盟限制规定出台后，各国已不再继续生产氟碳长链型的 C8 防水整理剂。

#### 2. C6 类防水剂

C6 防水剂以六碳含氟树脂合成，是不含 APEO、PFOA、PFOS 的环保型产品。由于氟碳链短，毒副含量比 PFOS 和 PFOA 小，能随人体新陈代谢排出体外，无明显持久性生物累积，且其降解物无毒无害。现在国产 C6 防水剂整理的产品可满足国内外防水面料

标准。

### (二) 无氟防水整理剂

只要是不含氟碳树脂的防水剂都可称为无氟防水剂。目前常见的无氟防水剂主要有烷烃长链类防水剂(如石蜡乳液)和有机硅类防水剂。相比于碳氟系防水剂,无氟防水剂不会在生物体内形成沉积,容易降解,是安全环保的产品。

### (三) 防水整理方法

毛织物常用防水整理方法有以下几种。

**1. 有机金属铬络合物防水剂处理法**

防水剂 CR 是氯化铬的硬脂酸络合物,其结构式如下:

织物经其水溶液处理后,高温(120~130 ℃)焙烘 3~5 min,在纤维表面形成不溶性的硬脂酸酰铬沉淀。其分子上有脂肪长链($-C_{17}H_{35}$),可使织物获得拒水性。

防水剂 CR 为绿色黏稠状液体,可与水以任何比例混合。整理后的织物耐水洗和干洗,具有透气性,但不宜处理浅色或白色织物。

羊毛织物防水整理工艺举例:

(1) 工艺流程:

$$浸轧 \rightarrow 烘干 \rightarrow 焙烘 \rightarrow 皂洗 \rightarrow 水洗 \rightarrow 烘干$$

(2) 工艺条件:

| | |
|---|---|
| 防水剂 | 20~30 g/L |
| 轧液率 | 70%左右 |
| 预烘 | 80~90 ℃,烘至微潮状态 |
| 焙烘 | 120~130 ℃ 焙烘 3~5 min |
| 皂洗 | 50~60 ℃ |
| 水洗 | 室温水清洗出机 |

**2. 纤维变性法防水整理**

一般采用季胺型防水剂进行纤维变性。防水剂 pf 是硬脂酸酰胺氯甲基吡啶。织物经防水剂 pf 20 g/L 处理后,进行高温(120~150 ℃)焙烘 3~5 min,在纤维表面形成防水性化合物,封闭羊毛纤维上的亲水性基团,其反应式如下:

防水剂 pf 整理后的织物防水性好,手感柔软,透气性好,且耐一般的水洗和干洗。当防水剂 pf 用量较低时,也可作为柔软整理。

**3. 有机硅防水剂处理法**

如二甲基聚硅氧烷及 202 含氢甲基硅油等,织物先经有机硅乳液处理,烘干焙烘后,在其表面形成硅氧烷树脂,其防水性和透气性均较好,织物手感柔软、爽滑,且耐洗。

有机硅类防水剂防水整理工艺举例:

(1)工艺流程:

$$浸轧 \rightarrow 预烘 \rightarrow 焙烘 \rightarrow 水洗$$

浸轧液处方:

| | |
|---|---|
| 202 甲基含氢硅油(40%) | 125 ml/L |
| 醋酸铅 | 15 g/L |

(2)工艺条件:

| | |
|---|---|
| 浸轧温度 | 室温 |
| pH 值 | 6~6.5 |
| 轧液率 | 65% |
| 焙烘温度 | 150~160 ℃ |
| 焙烘时间 | 4~5 min |
| 水洗 | 室温水清洗出机 |

**(四)防水、防油性能检测标准与方法**

**1. 淋水试验方法**

淋水试验方法模拟面料暴露于小雨、中雨的状态,因此也称雨淋性能试验。测试试验采用的标准有 AATCC 22—2005《纺织品 拒水性测试 喷淋法》、ISO 4920—2012《纺织品 表面抗湿性测定(喷淋试验)》、GB/T 4745—2012《纺织品 防水性能的检测和评价 沾水法》,适用于中、薄型防水整理面料。

**2. 邦迪斯门淋雨测试法**

该方法遵照 GB/T 14577—1993《织物拒水性测定 邦迪斯门淋雨法》,模拟暴雨条件,测试面料的防水性、透水量、吸水率等指标。

**3. 抗渗水性试验**

面料抗渗水性能是防雨面料的一项极为重要的特性指标,以面料承受的静水压来表示透过面料所遇到的阻力。该实验方法主要用于高密面料,如帆布、牛津布、高密防雨布、涂层布等。可采用 ISO 811—1981《纺织织物 抗渗水性的测试 静水压试验》(针对一般面料,持续增压)、ISO 1420—2016《橡胶或塑料涂层织物抗渗水性测定》(针对涂层面料,规定水压条件)、GB/T 4744—2013《纺织品 防水性能的检测和评价 静水压法》、AATCC 127—2013《耐水性 静水压试验》等试验方法,这些检测方法在国际贸易中被广泛使用。

### 4. 拒油性能测试方法

拒油性试验主要检验面料对抗疏水性物质（油和油污）润湿的能力，可按 AATCC 118—2007《防油测试 抗碳氢化合物》测定。

## 技能训练

# 实验五 防水整理及沾湿性能测试实验

### 一、实验目的

1. 理解防水原理。

2. 学会设计并实施防水整理工艺。

3. 会进行防水效果的测试与评价。

### 二、实验准备

1. 仪器设备：烧杯、量筒、吸量管、电子天平、卧式小轧车、搪瓷托盘、烘箱、定型烘干小样机、电熨斗、织物淋水测试仪。

2. 实验药品：防水剂。

3. 实验材料：毛织物（或棉织物）三块，每块织物尺寸规格 20 cm×20 cm。

### 三、实验原理

织物经防水整理剂处理后，整理剂的反应性基团与纤维上的羟基或氨基反应，形成定向吸附，而整理剂分子中的疏水性部分则有序或无序地覆盖在织物表面，形成连续的薄膜，从而使织物获得拒水效果。

拒水

### 四、工艺方案（参考表 2-3-1）

表 2-3-1 工艺处方

| 工艺处方 \ 试样编号 | 1# | 2# | 3# |
|---|---|---|---|
| 防水剂(g/L) | 25 | 15 | 25 |
| 焙烘温度(℃) | 120 | 120 | 150 |
| 轧余率(%) | 70～80 | | |

工艺流程：织物→浸轧（二浸二轧）→烘干（80～90 ℃，5 min）→焙烘（2～3 min）→热水洗（60～80 ℃，3 min）→冷水洗→熨干

### 五、实验步骤

1. 根据处方计算、称量，配制整理液。

2．打开烘箱、定型烘干机，根据工艺要求设置温度。称量织物干重。

3．将织物置于整理液中均匀润湿。

4．打开小轧车，清洗擦净轧辊。

5．将轧辊加压后，整理液倒入轧辊轧点存液处。

6．开动轧车，使织物浸渍后经轧点轧压去除多余整理液，浸轧两次。

7．称量轧后织物质量，计算轧余率。

8．将织物绷在针框上，放入烘箱中预烘干。烘干后，将织物放入定型烘干机中焙烘2～3 min，然后热水洗、冷水洗、熨干。

9．参照标准 GB/T 4745（表面抗湿性能测试实验），进行沾水实验。将织物用试样夹持器夹紧试样，使织物平整无皱地放到淋水测试仪中夹持器固定装置处。将 250 mL 蒸馏水迅速而平稳地注入漏斗，蒸馏水经喷嘴淋于织物表面。淋水一停，迅速将夹持器连同织物拿开，使织物正面朝下呈水平，在某一硬物上轻敲两下（绷框经向相对两点各一次）。然后观察织物表面润湿情况，以标准中最接近的文字描述和图片确定沾水等级（不评中间级）。

沾水等级描述：

1 级——受淋表面全部润湿。

2 级——受淋表面有一半润湿，通常指小块不连接的润湿面积总和。

3 级——受淋表面仅有不连接的小面积润湿。

4 级——受淋表面没有润湿，但表面沾有小水珠。

5 级——受淋表面没有润湿，表面也未沾有小水珠。

沾水等级状态图：

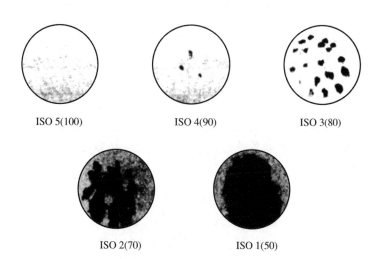

六、注意事项

1．不同防水剂的助剂种类和用量会有不同，根据情况选用。

2．测试用蒸馏水，温度保持在 20 ℃ 左右。

3．选用的淋水测试仪不同，操作也有所不同。

## 七、实验报告

表 2-3-2　实验结果

| 测试结果 ＼ 试样编号 | 未经整理试样 | 整理后试样 | | |
|---|---|---|---|---|
| | | 1# | 2# | 3# |
| 贴样 | | | | |
| 白度和色泽变化 | | | | |
| 手感 | | | | |
| 沾水等级 | | | | |
| 沾水效果分析 | | | | |

## 【学习成果检验】

### 一、概念题

1．定向摩擦效应。

2．煮呢。

3．缩呢。

4．烫呢。

### 二、填空题

1．整理的方法包括_____、化学方法以及_____，其中对于毛织物来说，属于化学方法的整理如_____。

2．毛织物的整理包括湿整理、_____和_____，其中煮呢属于_____，防水整理属于_____。精纺毛织物整理的侧重点是_____。

3．毛织物整理前准备工序中，擦除铁锈渍一般用_____。

4．烧毛工艺控制的总原则是_____、_____、_____。

5．煮呢张力压力大时，织物的手感_____，张力压力较小时，织物手感_____。

6．在安排煮呢工序时，对于含油污较多的呢坯一般是_____。

7．缩呢加工时，常用的缩呢剂有_____，其作用是_____。

8．毛织物的干整理工序包括_____、_____、_____、_____和电压等，其中电压的主要加工对象是_____，其主要加工效果是_____。

9．通过蒸呢可以使织物_____，影响蒸呢效果的因素包括_____、_____、_____和_____。

10．毛织物在应用过程中产生收缩的原因包括_____和_____两类。

### 三、简答题

1. 毛织物生坯检验包括哪些内容？

2. 煮呢的主要加工对象是什么？原理是什么？

3. 煮呢的目的是什么？影响煮呢效果的因素有哪些？

4. 洗呢的目的是什么？

5. 缩呢的原理是什么？

6. 起毛常见设备类型是什么？各有什么特点？起毛后织物有什么特点？

7. 剪毛效果的影响因素有哪些？简要说明。

8. 毛织物防毡缩的原理是什么？防毡缩的方法有哪些？

9. 毛织物防蛀整理的途径有哪些？

10. 织物的防水整理包括哪两类？各有何特点？

11. 面料的润湿性可用液滴与固体表面的接触角表示，请进行简要阐述。

# 项目 3

# 蚕丝纤维制品的染整

【项目导读】

　　蚕丝纤维素有"纤维皇后"的美称，其产品穿着舒适、柔软、亲肤，面料品种多样，自古以来深受人们喜爱。丝绸也是古代中国对外贸易的代表性商品。西汉以来，中西方贸易的重要通道被称为"丝绸之路"。本项目介绍丝绸织物自下织机后到变成纺织产品之间所经历的一系列染整加工过程。本项目的重点是丝绸坯布的练漂、染色，丝织物的整理部分内容比较简单。在学习本部分内容过程中注意与羊毛纤维制品的前处理、染色过程进行对比，找出工艺上的异同点，重视理论知识的理解和应用，通过工艺实验进行操作技能训练，巩固所学。

【学习目标】

| 能力目标 | 知识目标 | 素质目标 |
| --- | --- | --- |
| 1. 初步具备丝织物脱胶、染色和整理工艺设计与实施能力。<br>2. 初步具备丝织物染整质量测试与评价能力。 | 1. 熟悉真丝脱胶、染色和整理工艺方法、原理、常用助剂、设备和工艺因素。<br>2. 掌握真丝染整质量的评价指标、测试方法。 | 树立文化自信；培养低碳意识；尊重劳动、尊重知识、尊重创新。 |

## 🔨 工作任务

　　认识不同类型丝绸产品的染整加工基本过程。

## 🔨 知识准备

　　坯绸是染整加工的对象。坯绸在染整机械设备如练漂机、染色机、整理机等设备上，受酸、碱、漂白剂、染料、表面活性剂等染化料及水、电、汽的作用，通过一定的工艺路线和质量管理措施，可加工成轻盈柔爽、绚丽多彩的绸缎。

　　坯绸的染整加工大致经过练漂、染色、印花和整理几个过程。具体加工工艺要根据纤维特点、质量要求、产品用途等决定。主要丝绸产品的一般染整工艺过程见表3-1。

表 3-1　主要丝织物的染整工艺过程

| 品名 | 坯绸检验 | 练漂 | | | | | | | | | 染色 | | | | | | | | 印花 | | | | 整理 | | | | 成品检验装潢 |
|---|---|---|---|---|---|---|---|---|---|---|---|---|---|---|---|---|---|---|---|---|---|---|---|---|---|---|---|
| | | 准备 | 碱缩 | 退浆 | 精练 | 漂白 | 丝光 | 水洗 | 烘干 | 热定型 | 准备 | 卷染 | 绳染 | 吊染 | 高温染 | 热溶染 | 固色 | 水洗 | 准备 | 印花 | 后处理 | 烘干 | 烘干 | 热定型 | 呢毯 | 树脂 | |
| 练白真丝绸 | → | → | | | → | | (→) | → | | | | | | | | | | | | | | | → | | | | → |
| 染色真丝绸 | → | → | | | → | | | → | → | | → | 1 | 1 | 1 | | | → | → | | | | | → | | | | → |
| 印花真丝绸 | → | → | | | → | | | → | → | | | | | | | | | | → | → | → | → | → | | → | (→) | → |
| 染色锦纶绸 | → | → | | | → | | | → | → | | → | → | | | | | → | | | | | | → | | → | (→) | → |
| 印花涤纶绉 | → | → | | | | | | | | | | | | | (→) | | | | → | → | → | → | → | | | | → |
| 印花人丝绸 | → | → | | | → | (→) | | | | | (1) | (1) | | | | | | | → | → | → | → | → | | (→) | | → |
| 乔其、双绉 | → | → | → | | → | | | → | → | (成品) | → | | → | | (→) | (→) | → | | | | | | → | | | | → |
| 染色涤纤绸 | → | → | (→) | | → | | | | | | | | | | 1 | 1 | → | | | | | | → | → | | | → |

注：→一般要经过，(→)可能经过，(1)经过其中之一。

本项目主要介绍蚕丝织物的脱胶、染色和整理的相关内容。

<h1 style="text-align:center">任务 3-1　蚕丝织物的脱胶</h1>

## 【学习目标】

| 能力目标 | 知识目标 | 素质目标 |
|---|---|---|
| 1. 能够根据蚕丝纤维结构性质特点，制定脱胶工艺并进行实施。<br>2. 能够通过指标测试评价练漂半成品质量。 | 1. 掌握真丝脱胶方法、原理、常用助剂；熟悉工艺条件、设备特点。<br>2. 掌握丝织物练漂半成品质量测试与评价方法。 | 团结协作、质量意识、责任意识、创新精神。 |

### 工作任务

某丝绸印染企业接到纯桑蚕丝织物加工订单，该订单为染色加工。客户给的加工原布是生丝坯绸，作为工艺员首先要根据产品要求确定脱胶工艺，试设计该批订单的脱胶工艺。

### 知识准备

## 一、蚕丝织物练漂基本知识

蚕丝织物的练漂是去除生丝及坯绸中的各种杂质，为后续加工提供合格的半制品或直接得到练白产品的加工过程。由于丝织物精练的目的主要是去除丝胶，随着丝胶的去除,附着在丝胶上的杂质也一并除去,因此,丝织物的精练又称脱胶。

### (一) 丝织物的含杂情况

未经脱胶处理的蚕丝称为生丝。生丝中含有大量的丝胶杂质,其中大部分是纤维材料本身固有的,如丝胶(生丝中含量约为 20%～30%)、油蜡、灰分、色素等。另外还有在织绸时加上的浆料,为识别捻向施加的着色染料以及操作、运输过程中沾上的各种油污等。这些天然或人工杂质的存在,不仅有损于蚕丝织物固有的光泽和柔软度,影响其服用性能,而且会使织物难以被加工液润湿、渗透,妨碍染整加工。除特殊品种外,生丝织物必须经过精练加工去除杂质。

### (二) 丝织物练漂半制品的质量要求

桑蚕丝织物脱胶质量的评价指标主要有练减率、白度、渗透性、光泽及手感等。

#### 1. 练减率

在脱胶过程中可用指示剂来检验脱胶程度。常用的指示剂为苦脂酸红,由苦味酸和胭脂红的铵盐组成。胭脂红溶液在 pH 值为 9～10 时不上染丝素,但能上染丝胶而呈红色;而苦味酸在 pH 值为 9～10 时对丝素和丝胶都能上染,呈柠檬黄色。因此将 pH 值约为 9.5 的指示剂溶液滴于被测织物上,视其色泽判断脱胶程度。如果仅呈现柠檬黄色,表示丝胶已经脱净;如呈橘红色或橘黄色,表示丝胶有残存。用指示剂检查脱胶程度只是定性检验,而且灵敏度不高。

练减率又称脱胶率,脱胶程度常用练减率来定量表示:

$$练减率 = \frac{G_0 - G_1}{G_0} \times 100\%$$

其中:$G_0$——精练前织物的干燥质量,g;

$G_1$——精练后织物的干燥质量,g。

桑蚕丝织物练减率一般控制在 23%～24%,由于生丝中不含泡丝浆料等外加杂质,故练减率在 21% 左右时已属脱胶完全。生产实践中,不同产品的练减率稍有区别,一般染色、印花产品的练减率比练白绸稍低些,控制在 21%～23%,这样可以避免在后道加工过程中损伤丝纤维,剩余丝胶可起保护作用。生产中由于织物常受到经向张力作用而产生伸长,用脱胶前后同样块面大小的织物测定脱胶率时,完全脱胶的脱胶率要达到 27% 左右。

#### 2. 白度

练白绸的白度可用白度仪测定。白度值以纯净氧化镁的白度为 100%,通过光学仪器测试被测物并与标准白板白度值比较来读出数据,所得读数为百分数。一般电力纺、斜纹绸织物的白度在 85% 左右;绉类织物因纬线加强捻而呈绉效应,减少了光的反射,白度稍低,一般控制在 80% 以上;精练后用作染色、印花加工的练白绸,对白度的要求可稍低些,只要能满足染色鲜艳度或印花绸对浅花、白地的要求即可。

### 3. 泛黄率

练白绸经日光照射或长久放置后会泛黄。泛黄程度可用泛黄率来表示。测定仪器仍为白度仪。用白度仪测定练白绸日光照射前后的白度,即可求出泛黄率。测试泛黄率的方法有两种:一种是先测出练白绸的白度,将它放置1~2年后,再测其白度,求出泛黄率,这种测定方法时间相隔太长,生产中实用性不强。另一种方法是先测练白绸白度,然后将练白绸放在日晒牢度仪中用紫外线照射规定时间后,再测定其白度,求出泛黄率。计算公式如下:

$$泛黄率 = \frac{练白绸成品白度 - 照射后白度}{练白绸成品白度} \times 100\%$$

练白绸的泛黄率越低越好,精练后充分净洗,彻底去除织物上的肥皂、表面活性剂等杂质,或经双氧水漂白,均有利于降低成品泛黄率。目前也可通过后整理来降低泛黄程度。

### 4. 渗透性

练白绸作为印染加工的半制品,一般要具有良好的渗透性。常用毛细管效应表征渗透性。测试方法:取尺寸规格为经向30 cm、纬向5 cm的织物,用2~3 g重锤夹于下方使之均匀下垂,放入定温(一般为室温)的蒸馏水中,记录时间。30 min后,观察并测量水沿织物上升的高度。一般要求电力纺类织物的毛细管效应达8~10 cm/30 min,斜纹绸、双绉类织物的达13~15 cm/30 min。一般毛细管效应在10~13 cm/30 min时,已能基本满足后加工的要求,但关键是绸匹整体渗透性要均匀一致。

### 5. 手感和光泽

手感和光泽是练白绸的又一个重要质量指标。蚕丝织物练漂半成品的手感和光泽目前主要凭经验,用手摸和目测的方法测试并给出描述。练白绸要求手感柔软、滑爽、丰满,光泽自然、明亮,摩擦后有"丝鸣"声,符合这些要求的为优质品;反之,手感粗硬、疲软,没有身骨,光泽差或有极光等的织物为质量较差或不合格的产品。

## 二、桑蚕丝织物脱胶工艺

### (一)脱胶原理

蚕丝主要由丝素和丝胶组成,它们的基本组成都是蛋白质,水解后单体都是 α- 氨基酸,具有亲水性和两性性质。由于氨基酸的组成、含量不等,丝胶和丝素分子在形态结构上有着很大的差别。丝胶蛋白质中所含羟基氨基酸(丝氨酸、苏氨酸)、酸性氨基酸(天门冬氨酸、谷氨酸)及碱性氨基酸(赖氨酸、精氨酸)的数量远比丝素中多,这些氨基酸都带有极性较强的亲水基,使丝胶分子排列紊乱松散,呈球状粒子,而丝素蛋白质则明显纤维化,分子链间相互接近,形成结晶性的规整结构。

丝胶和丝素在组成和结构上的差异决定了性质方面的不同。丝素在水中不能溶解,丝胶则能在水中尤其是近沸的水中膨化、溶解。当有适当的助剂如酸、碱、酶存在时,丝胶更容易被分解,而丝素显示出较高的稳定性。蚕丝织物的精练实质上是这样一个过程,即利用丝素和丝胶结构上的差异以及对化学药剂稳定性不同,在助剂、外力、热量等作用下除去丝胶及杂质,获得光泽肥亮、手感柔软、白度纯正的练白产品。按照所用化学剂的不同,蚕丝脱胶方法可分为碱脱胶、酸脱胶和酶脱胶。

**1. 碱脱胶**

丝胶在碱液中能吸收碱而剧烈膨化,丝胶分子中游离羟基可解离出 $H^+$ 与碱剂中的 $OH^-$ 结合,蛋白质变成蛋白质盐,使丝胶溶解性提高。在碱的作用下,丝胶分子中的肽键由内酰胺酮式转变为内酰胺烯醇式:

$$\underset{\underset{O}{\parallel}}{-C}-\underset{\underset{H}{\mid}}{N}- \xrightarrow{OH} \underset{\underset{OH}{\mid}}{-C}=N-$$

蚕丝织物脱胶的依据是什么?有几种方法?

这种烯醇式结构稳定性较差,易使丝胶发生膨化而溶解,因此,碱性条件有利于丝胶的膨润、水解、溶解,脱胶常用的碱剂有碳酸钠、碳酸氢钠、尿素等。碳酸钠作为常用的脱胶碱剂,脱胶作用强。生丝织物在碳酸钠浓度为 0.5 g/L 的溶液中煮沸 30 min,重复 2～3 次,丝胶即可完全脱除,但会对丝素造成损伤,影响织物强力。在 1 g/L 的碳酸氢钠溶液中用同样的方法处理,与碳酸钠相比脱胶率略低,但丝素分子损伤程度明显较小。高浓度的尿素在 90 ℃ 下处理 3 h,也能达到较好的脱胶效果,且对丝素纤维损伤轻。目前研究表明,强碱性电解水也具有较好的脱胶作用,强碱性电解水是通过电解槽电解水制得,通过电解提高了水中 $OH^-$ 浓度,降低了盐离子浓度和硬度,一般在脱胶溶液 pH 值为 11.5 时能取得较好的脱胶效果。

单纯用碱剂虽然能起到脱胶作用,但不能去除油蜡、色素等杂质,而且脱除下来的丝胶和杂质也不能均匀地分散在练液中。因此,桑蚕丝织物脱胶时常加入一定量的表面活性剂。常用的碱脱胶方法有肥皂-碱法、合成洗涤剂-碱法。

**2. 酸脱胶**

丝胶在酸性介质中也能与 $H^+$ 结合生成蛋白质盐:

$$S\underset{\diagdown COOH}{\overset{\diagup NH_2}{}} \;+H^+\longrightarrow\; S\underset{\diagdown COOH}{\overset{\diagup \;^+NH_3}{}}$$

酸对丝胶蛋白质的溶解、水解起催化作用,因此可用酸作脱胶助剂,常使用强无机酸如 $H_2SO_4$、HCl 等。有机酸的酸性弱,对丝胶的作用小,不足以使丝胶去除。酸能促使丝胶溶解,但易损伤丝素,除杂能力低,对设备有腐蚀性。酸脱胶工艺条件难以控制,故在实际生产中,除特殊情况外如有采用先酸后碱的脱胶方法,酸脱胶法一般不用。

**3. 酶脱胶**

在化学脱胶法中,大量化学剂连同脱除的丝胶混杂在脱胶溶液中,产生难以处理的废水,而且条件控制不当还会造成丝素的损伤。近年来环保、高效、条件温和的生物酶脱胶法应用越来越多。某些蛋白酶对丝胶分子链中特定或任意位置的肽键能起到催化水解作用。蛋白酶先与丝胶蛋白生成可溶性的蛋白胨、多肽等中间产物,再进一步使多肽水解成氨基酸,同时释放出蛋白酶。由于酶的专一性,这一过程对丝素基本无影响。目前研究应用的蛋白酶有酸性蛋白酶、碱性蛋白酶、中性蛋白酶等,其中,碱性蛋白酶和中性蛋白酶效果较好。由于酶的专一性特点,其对纤维中的其他杂质并不起作用,所以酶脱胶一般很少单独使用,酶脱胶后的织物仍需经肥皂、合成洗涤剂进行补充精练。常见的方法有酶-合成洗涤剂-碱法。

脱胶后的蚕丝纤维或丝织物称为熟丝或熟织物。为保证成品质量,避免丝素在染、印后加工中受损伤,织物上丝胶的去除量需合理控制。

### (二)脱胶工艺条件分析

丝织物脱胶过程大致分三步:

丝胶吸水膨化 $\xrightarrow{\text{酸、碱、酶催化}}$ 丝胶溶解,水解 $\longrightarrow$ 从纤维上剥离,分散至练液

丝胶去除的程度取决于上述三个过程的进行情况。因此,影响上述过程的许多因素都影响到丝胶的去除,其中最主要的是脱胶液 pH 值、温度、处理时间以及脱胶助剂的性质和浓度等。

#### 1. 脱胶液 pH 值

脱胶液 pH 值直接关系到丝胶在水中的溶解度,pH 值不同,丝胶的溶解度不同。图 3-1-1 所示为桑蚕丝织物在不同 pH 值溶液中以近沸点的温度处理 30 min 后的练减率。

从图 3-1-1 可知,当脱胶液 pH = 4～7 时,丝胶的脱胶率最低,这是因为丝胶蛋白质的等电点为 3.9～4.3,等电点附近丝胶溶解度最低,不易去除。从曲线可以看出,随着溶液酸度或碱度的增加,脱胶率也逐渐增

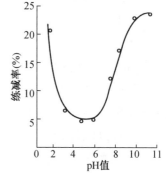

图 3-1-1　丝胶溶解度与溶液
pH 值的关系

加;当脱胶液 pH>9 或 pH<2.5 时,丝胶的溶解度显著增加,在 30 min 内可充分脱胶。

强碱、强酸脱胶工艺会对丝素造成损伤。为了不损伤丝素,在保证脱除的丝胶和其他杂质稳定地分散在练液中的前提下,应尽量控制脱胶液的 pH 值温和、稳定,即具有较大的缓冲容量。实验表明:当 pH 值在 1.75～10.5 时,丝素强力基本不变。综合考虑脱胶液 pH 值对丝胶、丝素两方面的影响,脱胶液 pH 值可确定为 1.75～2.5 的酸性范围或 9～10.5 的碱性范围。由于酸脱胶后蚕丝织物手感粗糙发硬,且工艺对设备要求高,所以桑蚕丝织物脱胶溶液 pH 值大多采用 9～10.5 的碱性范围。考虑到丝素对碱的耐受力差,加工中要及时掌握丝胶脱除的程度。

### 2. 脱胶温度

无论在酸性或碱性溶液中,脱胶温度对脱胶速率的影响均很显著,如图 3-1-2 所示。

处理 60 min 后的丝胶溶解度与溶液温度的关系。从图中可知:在任何 pH 值条件下,脱胶速率都随温度的升高而加大。温度在 90 ℃ 以下,用 pH 值为 10.21 的肥皂液或 pH = 1.12 的酸溶液对蚕丝织物处理 60 min 时,都只能除去部分丝胶;当温度升高至 90 ℃ 以上时,丝胶已基本脱去。温度再适当提高,可进一步将剩余丝胶去净。对于脱胶常用 pH 值(pH = 9~10.5,如肥皂

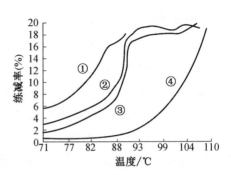

图 3-1-2 丝胶溶解度与溶液温度的相互关系(60 min)
①—1%肥皂 + 0.65%NaOH(pH = 12)
②—1%肥皂(pH = 10.21)
③—0.1%HCl(pH = 1.12)  ④—H_2O

或合成洗涤剂与强碱弱酸盐组成的脱胶液),最适温度为 98 ℃,且保持练液沸而不腾。此时,练液的自然循环可使脱胶均匀,但不致使织物产生相互摩擦而引起擦伤、发毛等疵病,染色后也不会形成色斑。温度高至 100 ℃ 及以上时,除织物相互摩擦剧烈而引起擦伤发毛外,还会引起丝素因受热而泛黄变色。如果温度低于 90 ℃ 时,脱胶速率下降,温度每降低 10 ℃,脱胶速率将减慢 1/2,温度降至 70 ℃ 时,脱胶作用基本不发生。

### 3. 脱胶用剂与浓度

脱胶用碱剂的性质会直接影响丝胶的溶解度。氢氧化钠溶液的脱胶作用最为强烈,假如皂液的脱胶强度为 1.00,则磷酸钠溶液的脱胶强度为 3.49,碳酸钠溶液为 8.73,而氢氧化钠溶液的则为 9.84。在一定温度下,助剂浓度越高,脱胶越强烈,如在 95 ℃ 时,用 0.1 mol/L 的碳酸氢钠与碳酸钠的混合溶液处理生丝,需 20 min 丝胶可以脱尽。当混合液的浓度为 0.05 mol/L 时,则需 30 min 才能达到同样效果。所以增加脱胶用剂用量时,即使练液的 pH 值保持不变,也会增加丝胶的溶解速度。

表面活性剂在脱胶时有润湿、分散、去污等作用,可以提高织物的渗透性并改善织物手感。

### 4. 浴比

浴比的大小直接关系到产品的质量和产量。浴比过小,使织物相互间紧靠,不利于脱胶匀透,反而会因织物上已膨化的丝胶转入溶液的速度减慢,降低脱胶的效率,并造成"生块";浴比过大,可加速脱胶过程,但必然会造成助剂及能源的浪费。精练浴比应根据加工织物的厚薄、匹长来定。一般轻薄型织物(如东风纱、洋纺等)浴比为 1:60;中型织物(如电力纺)为 1:(40~45);厚重织物(如双绉、层云缎等)为 1:(30~35)。生产中精练浴比主要依加工设备确定。

### 5. 脱胶时间

脱胶所需时间取决于练液的 pH 值、温度、助剂的性质和浓度、生丝的含胶量、坯绸的厚薄及精练时的码折方式等因素。生产中脱胶时间应视具体情况而定,如组织紧密的电

力纺类产品,精练时间较长,而轻薄织物的精练时间可短些。当助剂、浓度、温度等条件确定后,脱胶时间的控制往往根据脱胶程度(即脱胶率)来确定。蚕丝织物脱胶工艺中,当用蛋白酶催化脱胶时,工艺条件应根据酶的性质来设计。

**6. 中性盐**

脱胶液中加入中性盐,也会影响丝胶的溶解速度及丝素受损伤的程度。因为蚕丝蛋白纤维表面有类似于半透膜的性质,根据膜平衡原理,中性盐的加入促使溶液中的 $H^+$ 和 $OH^-$ 向纤维内渗透,使纤维内 $H^+$ 或 $OH^-$ 的浓度与溶液中接近,从而提高了膜内的酸度或碱度,使丝胶溶解速度提高。同样,在中性盐存在时,酸或碱对丝素的作用也加强,使丝素更容易受到破坏。中性盐对丝素的破坏程度与盐的种类有关,其中对丝素破坏特别严重的是 $Ca^{2+}$ 和 $Mg^{2+}$,因此,脱胶时应避免使用硬水。

总之,为了保证脱胶质量,在制订工艺时,应合理控制每一个影响产品质量的因素。

**(三)脱胶工艺案例**

桑蚕丝织物精练常用设备有精练槽、平幅连续精练机、星形架、卷染机等。几种精练设备各有优缺点,如精练槽精练工序长,浴比大,加工时会产生吊襻印等,卷染机容绸量大,浴比小,省去了挂绸、吊襻等工序,但不适于加工弹性、绉类织物。由于精练槽精练工艺成熟,仍有许多厂家使用。

**1. 精练槽精练**

(1)精练槽(练桶)结构。

精练槽是不锈钢板制成的长方形桶,槽面光滑不毛糙,槽口有较宽的沿口便于搁置挂杆,槽宽一般在 120 cm 左右,槽深视织物的门幅而定。槽深的计算方法:织物门幅加吊襻(浸入 10 cm),再加上织物距槽底蒸汽管 30～40 cm,这样槽深 140～180 cm,长度根据所需容积和允许占地面积而定,一般约为 220 cm。目前常用精练槽容量有 3200 L、4000 L、4600 L 等几种。在精练槽底部有直接加热蒸汽管,蒸汽喷出口要朝下,且要求分布均匀,在蒸汽管上面宜装有均匀布满孔洞的不锈钢花篮板假底,以防止蒸汽喷出时引起槽内溶液的波动。在生产过程中,由于加热蒸汽的冲击作用,水的循环如图 3-1-3(a)所示,容易使织物上浮,造成擦伤和折皱印,而且练槽上、下部存在温差,影响产品质量。因此需对其改进,如图 3-1-3(b)所示,在原练槽两侧距槽壁 4～5 cm 处,各加装一块约 2 mm 厚的不锈钢板,与槽壁形成夹层,在每边夹层适当位置各加装一根直接蒸汽管,蒸汽孔眼向上。加热升温时,底层和夹层蒸汽管同时开汽,当水沸腾,织物入槽后,只利用夹层蒸汽保温。蒸汽喷出时,驱使练液沿两侧槽壁向上溢流,至练槽中部,再自上而下循环流动。这样既改变了原精练槽内练液的循环方向,也使槽内温度分布更均一。

按照工艺操作要求,精练槽排列一般为 7～9 只直排,形成一条练漂生产线。精练槽上方还装有电动吊车,用来升降和移动织物。精练槽结构简单,操作较方便,目前仍被广泛使用。

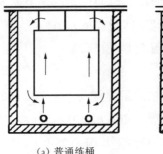
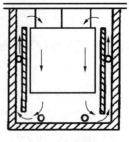

（a）普通练桶　　　　　　　　（b）夹层练桶

**图 3-1-3　溢流练槽与普通练槽液流方向**

（2）精练槽精练工艺。

实际生产中，以精练槽为主要设备进行桑蚕丝织物脱胶，常见的方法有皂-碱法、合成洗涤剂-碱法及酶脱胶法。工艺流程如下：

皂-碱法：前准备→预处理→初练→复练→练后处理

合成洗涤剂-碱法：前准备→预处理→初练→复练→练后处理

酶脱胶法：前准备→预处理→酶脱胶→精练→练后处理

① 皂-碱法。

a. 精练用助剂。主练剂为肥皂，助练剂有纯碱、泡化碱、磷酸钠、保险粉。

肥皂：碳原子数为 14～18 个的高级脂肪酸的钠（或钾）盐，根据脂肪酸结构的不同，有硬脂皂和软脂皂之分，是一种性能优良的脱胶剂。肥皂在水中能发生水解作用，生成游离碱和脂肪酸，反应式为 $C_{17}H_{33}COONa + H_2O = C_{17}H_{33}COOH + NaOH$。游离碱逐渐与丝胶作用，达到脱胶的目的。肥皂溶液 pH 值可达 9～10，恰好处于有利于丝胶溶解的范围。当放出的游离碱与丝胶结合后，部分肥皂水解的碱性逐渐消失，而另一部分肥皂又相继水解补充，保持溶液 pH 值相对稳定。所以，皂液对丝纤维的作用比较缓和，损伤极微。同时，肥皂又具有良好的润湿、乳化和净洗能力，有利于练液向坯绸内部渗透，促使脱胶均匀，并可除去织物上的油脂、蜡质，防止练液中已脱落的丝胶和污物重新沾污织物，但肥皂不耐硬水，生产中一般配合纯碱使用。

纯碱或磷酸钠：皂液中加入纯碱或磷酸钠可抑制肥皂水解，降低肥皂消耗量，因为它们在水中会水解而释放出碱，使肥皂水解逆向进行。另外，纯碱还具有软化硬水的作用，高温时对油污还有一定的洗涤能力。

泡化碱：在水中能发生水解，反应式为 $Na_2SiO_3 + H_2O \longrightarrow H_2SiO_3 + 2NaOH$，水解后可增加练液的碱度，抑制肥皂水解。水解后生成的 $H_2SiO_3$ 是不溶于水的白色胶状物，具有保护胶体的能力，可防止剥落的丝胶等杂质再度沉积到纤维上，并能吸附铜、铁离子，达到除锈渍的作用，有助于提高成品白度，从而提高精练效果。但硅酸胶体也能被吸附于纤维上，影响织物手感和光泽，严重时会造成染色疵病，所以练后的织物必须经过充分水洗。

保险粉：是一种强还原剂,在碱性溶液中可还原去除加捻丝纤维上的着色染料及丝纤维中的天然色素,起到漂白作用。

b. 精练工艺过程。

**精练前准备**。用练槽进行加工时,前准备工序包括分批、退卷、码折、钉线扣襻、打印等。

分批：根据坯绸的品号和品种规格进行分档,以便选择不同的染整工艺。

退卷：将丝绸厂下机后的卷状坯绸进行落卷称为退卷。退卷的同时要对坯绸进行检验,注意检查有无织疵、破洞、油污渍等。

码折：把退卷后的织物重新折叠起来,以适应脱胶方式。码折方式可分为"S"码和圈码两种,如图 3-1-4 所示。"S"码织物一般需在码绸架上进行手工挂绸,码绸宽度一般为100 cm(比槽宽窄 20 cm),织物呈 S 形挂折。精练时,练液易进入"S"码织物层与层之间,精练均匀,但在回折处容易产生"刀口印"。"S"码一般适用于加工轻薄、组织疏松的织物。中厚型织物适宜于圈码加工,圈码在圈码机上进行,织物呈圆筒状,码绸宽度为圆筒周长的一半。由于圈码织物层与层间距很小,练液不易浸入,易造成脱胶不匀,甚至产生"生块"。需圈码加工的织物,不必先进行退卷,两工序可同时进行。

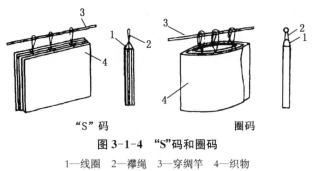

"S"码　　　　　　　　　　圈码

图 3-1-4　"S"码和圈码

1—线圈　2—襻绳　3—穿绸竿　4—织物

钉线扣襻：织物码折后,在一侧布边上用针线将绸边串结,再用绳撑将穿线提携起来的过程称为钉线扣襻。钉线时,针眼一般要距布边约 8～10 mm。根据匹重不同,"S"码织物每匹一般钉 3～4 个襻,圈码织物需 6～8 个襻。线襻用针穿过每页绸边,结成长 20～34 cm的线圈,然后一分为三,每隔 5～8 页提出一领,称为一花,共 3～4 花,将这 3～4 花线襻扣在一根较粗的绳襻上(环长 15～20 cm)即为一襻。钉撑的位置不能离绸匹码折边缘太近,边襻距边缘约 8～12 cm,中襻位于中心,撑距应相等.襻高应一致。钉线扣襻时,钉线要穿在织物边道上,防止钉入绸面或漏钉,分领要均匀,否则会产生线襻印或吊襻皱印。

穿竿打印：将已钉好线襻的织物穿上挂竿。在距织物一端约 10 cm 处盖上不褪色油墨戳印,标明日期、挂练槽号码、班次、操作人员代号等,便于质量跟踪。然后入槽,挂绸竿两端搁置在练槽两边槽沿上,使织物悬挂着全部浸在练液中。

**预处理**。织物在进入练液之前,为了使丝胶充分膨化,减弱丝胶对丝素的结合力,从而达到脱胶均匀和迅速的目的,无论何种脱胶方法,均需经过预处理。

预处理一般是以一定浓度的碱液处理。碱剂可以是纯碱,也可以是纯碱与硅酸钠的混合碱。预处理工艺一般采用中等温度和弱碱性条件。对加强捻的织物(如双绉、乔其等)必须采用较高浓度的碱液和较低温度相配合,使纤维在充分膨化、直径变粗的同时,产生退捻应力作用。由于丝线的加捻状况和捻向不同,会产生预期的绉效应。预处理工艺参见表 3-1-1。

表 3-1-1  预处理工艺

| 名称 | Na$_2$CO$_3$(连用追加)(g/L) | 温度(℃) | 时间(min) |
|------|------|------|------|
| 电力纺斜纹绸 | 1(0.5) | 80 | 20～40 |
| 双绉或乔其 | 3.5～4.5(0.5) | 55～60 | 30～40 |

**初练**。初练是脱胶的主要过程,能去除丝纤维中大量其他杂质,因此需要较长时间和较多的用剂。如练白双绉的初练工艺如下:

工艺处方:

| | 清水浴 | 续桶追加 |
|------|------|------|
| 肥皂(丝光皂) | 7 g/L | 3 g/L |
| 纯碱 | 3～0.6 g/L | 0.18 g/L |
| 泡化碱(35%) | 1～2 g/L | 1 g/L |
| 保险粉 | 0.3～0.4 g/L | 全量 |

工艺条件:

| | |
|------|------|
| 温度 | 98～100 ℃ |
| 时间 | 60～90 min |
| 浴比 | 1∶45 |
| pH 值 | 9～11 |

皂碱精练液的配制方法:当水升温后,加入纯碱,沸煮 5～10 min,捞清液面可能出现的钙、镁盐浮渣,倾入预先溶解好的肥皂溶液,煮沸 5～10 min,如果水中仍有硬度成分,就会析出泡沫渣滓状的钙镁皂,捞清液面浮渣。这时溶液应该是完全透明的。

经过初练后,大部分丝胶已去除,练减率一般达 18% 以上。

**复练**。复练的目的是进一步去除残存在纤维上的丝胶并清除在初练浴中织物上的沾污。复练所用的精练剂与初练相同,用量可适当减少。复练工艺如下:

工艺处方:

| | 清水浴 | 续桶追加 |
|------|------|------|
| 丝光皂 | 5.5 g/L | 2.5 g/L |
| 纯碱 | 0.22 g/L | 0.17 g/L |
| 泡化碱 | 1.6 g/L | 0.8 g/L |
| 保险粉 | 0.33 g/L | 全量 |

工艺条件：

| | |
|---|---|
| 温度 | 98～100 ℃ |
| 时间 | 60～90 min |
| 浴比 | 1∶45 |
| pH 值 | 9～11 |

经过复练后的织物洁白柔软,富有光泽,这一工序的练减率约为 2%～4%。

脱胶过程中,保险粉的加入应特别注意。由于工业保险粉在 pH 值为 10 的溶液中高温处理时,70 min 内将分解完毕,从而丧失漂白能力。因此,保险粉需分批加入,或在织物出桶前 30 min 时加入,以保证色素的去除。另外,练液中精练用剂常为过量,只要在使用过的溶液中适当补加一定量的精练用剂(即续桶追加量),练液即可重复使用数次,一般为 4～7 次。追加用剂时,肥皂追加量约为第一次(清水浴)的 1/2～1/3,纯碱补加 1/2 左右,泡化碱约为 2/3,保险粉补加全量。由于复练液中存留的杂质较少,所以可同初练液一样连用数次后,还可转作初练原液,同样,初练液也可转用为预处理溶液。像这种转用的练液称为老水。使用老水,一方面可以充分利用废液中含有的剩余助剂,节约原料,减少环境污染;另一方面脱落下来的丝胶在练液中有胶溶作用,有助于脱胶的进行。

**练后处理**。丝织物的练后处理,通常包括水洗、脱水两道工序。

水洗对精练成品质量影响颇大。精练后的织物粘附有复练浴中的污液、丝胶、皂渣等,特别是吸附了一定量的肥皂,若去除不尽,日久会使织物泛黄变硬,染色时还有抗染作用,所以水洗必须充分。

水洗仍在练槽上进行,一般要洗三道。为了防止织物上附着的污物突然骤冷凝聚,水洗时应逐步降温。

工艺条件：第一道水洗为高温水浴(90～95 ℃),30 min;

第二道水洗为中温水浴(50～60 ℃),30 min;

第三道水洗为室温水浴,10～20 min。

为了提高水洗效果,在高温水洗浴时常加入 0.4～0.6 g/L 纯碱使游离脂肪酸转化为钠盐,加速溶解。已水洗净的织物如不经染色,可以在室温水洗浴中加入冰醋酸或甲酸等有机酸进行酸洗,以改善光泽,增进丝鸣。酸洗工艺：冰醋酸 0.25～0.45 mL/L,洗 15～20 min,水洗即可完成。随即割除线襻,通过脱水或轧水处理,脱除织物上附着的水分,转入下道工序。

丝织物的脱水,可采取离心脱水、轧水打卷和真空吸水等方法。

离心脱水是将整匹织物对称地放入一个带孔的圆形转笼中,利用高速旋转时产生的离心力将水脱去。脱水时,织物要均匀堆放在转笼四周,织物纬向平折,不能对折,要放平。装布量和脱水程度要适当,以免造成甩水印。由于在脱水过程中织物处于皱折状态,易产生皱印,所以只适用于绉类、乔其等不易折皱的织物。

轧水是在平幅轧水机上进行的。操作时两辊自然接触,织物需预先缝接好,依次浸在清水池内,然后平整无皱地通过轧点后被卷在卷布轴上。桑蚕丝薄织物一般不加压水辊,以防止坯绸产生松紧纹,经轧水机后变成压刹印疵病,所以,其轧水工艺实为打卷。较厚的织物可加压水辊,此种脱水方法一般用于纺类、斜纹类、缎类织物,轧水可以防止皱印,但容易产生卷边和皱条等疵病。

真丝织物在烘干前往往先经过真空吸水。当织物平整地通过真空吸水机的吸缝口时,缝口管内的负压就将水从织物表面和纤维间的隙缝中吸走。

② 合成洗涤剂-碱法。

合成洗涤剂-碱法脱胶是以合成洗涤剂为主练剂,代替了皂-碱法中初、复练使用的肥皂。其工艺流程、工艺条件和操作方法均与皂-碱法基本相同。

脱胶用合成洗涤剂,要求具有良好的润湿、渗透性能和较强的乳化、分散、去污能力,以提高脱胶效率,使绸面洁净,同时应耐碱和耐高温,以防在加工过程中受到破坏而失去效力。一般采用阴离子型和非离子型两类。阳离子型表而活性剂一般不用,因为精练在碱性条件下进行,此时丝纤维呈阴离子状态,阳离子表而活性剂易被吸附在织物上而不易洗净,给后面工序带来很大麻烦。常用的合成洗涤剂有:雷米邦 A、洗涤剂 209、净洗剂 LS、分散型 WA、渗透型 JFC 等。以 11163 电力纺练白绸精练工艺为例。其工艺流程如下:

预处理→初练→复练→练后处理

a. 预处理:

| | | 补加量 |
|---|---|---|
| 纯碱 | 1 g/L | 0.5 g/L |
| 渗透剂 T | 0.33 g/L | 0.165 g/L |
| 温度 | 75 ℃ | |
| 时间 | 90 min | |
| 浴比 | 1∶30 | |
| pH | 10 | |

b. 初练:

| | | 补加量 |
|---|---|---|
| 纯碱 | 0.75 g/L | 0.5 g/L |
| 硅酸钠(35%) | 1.25 g/L | 0.625 g/L |
| 洗涤剂 209 | 1.75 g/L | 0.9 g/L |
| 保险粉 | 0.5 g/L | 全量 |
| 温度 | 95~98 ℃ | |
| 时间 | 90 min | |
| 浴比 | 1∶40 | |
| pH 值 | 10 | |

c. 复练：

| | | 补加量 |
|---|---|---|
| 纯碱 | 0.3 g/L | 0.25 g/L |
| 平平加 O | 0.2 g/L | 0.1 g/L |
| 保险粉 | 0.25 g/L | 0.1 g/L |
| 温度 | 95～98 ℃ | |
| 时间 | 60 min | |
| 浴比 | 1∶40 | |
| pH | 10 | |

d. 练后处理：第一次水洗(95～98 ℃)20 min

第二次水洗(70 ℃)20 min

第三次水洗(室温)10 min。

③ 酶脱胶法。

a. 酶的性质。酶是由生物体产生的,可脱离生物体而独立存在,并具有特殊催化作用的一种蛋白质,又称生物催化剂。由于酶的结构是蛋白质,它极易受外界条件的影响而改变其空间构象和性质,因而具有不同于无机催化剂的特殊催化功能。

**酶的催化特性**。酶的催化效率高。酶的催化能力常比无机催化剂高出数万倍以上,例如 1 g 纯 α-淀粉酶在 65 ℃下,15 min 内可使 2 t 淀粉水解成糊精;而若以 7.5%盐酸溶液在室温下与淀粉反应一周,也不能使淀粉完全糊化。

酶的专一性强。酶的专一性是指酶对被作用的物质具有严格的选择性,即一种酶只能催化一种或一类物质的化学反应。利用这一特性,可以选择一种只对球状丝胶的水解起催化作用的酶,将其加入精练液,调节合适的条件,使其作用于生丝坯绸,从而达到脱胶的目的。

催化作用是在常温和常压、pH 值差异不大的缓和条件下进行的,较高的温度、剧烈的酸碱条件反而引起酶蛋白的变性,导致酶催化功能的丧失。

b. 影响酶作用的因素。

**温度**。温度对酶催化反应有两种不同的影响,一方面,酶催化反应与一般化学反应一样随温度升高而加速;另一方面,酶本身是蛋白质,随温度升高稳定性下降,有效酶的成分降低,催化作用衰减。所以,温度对酶反应的影响是上述两种效应共同作用的结果。其他条件固定,在不同温度下测量酶的"活力",活力变化如图 3-1-5 所示。

温度很低时,酶活力表现很低,随温度的升高,活力逐渐提高,当超过一最高点后急剧下降,活力表现为最高时的温度称为该酶作用的最适温度。2709 碱性蛋

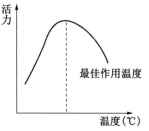

图 3-1-5　酶活力随温度的变化曲线

白酶的最适温度在 45 ℃左右,65 ℃时失活率在 95% 以上。酶作用的最佳温度并非恒定不变,而是与反应所需的时间有关,如果反应时间缩短,最适温度可以提高。

**pH 值**。酶是两性物质,pH 值会影响其催化能力的发挥。酶只有在一定的 pH 值范围内才能表现催化活性,且在某一 pH 值时表现活力为最大,此时的 pH 值称为该酶作用的最适 pH 值。2709 碱性蛋白酶的最适 pH 值为 9～11。

**活化剂和抑制剂**。凡是能使酶的催化活性增高,或使酶显示催化活性的物质称为酶的活化剂;反之,凡能使酶的催化活性降低、抑制甚至完全丧失的物质称为酶的抑制剂。一般碱金属和碱土金属对酶活力没有影响;非离子或阴离子表面活性剂对酶活力也没有影响;阴离子表面活性剂易使酶沉淀而失活。一切导致蛋白质变性的因素均对酶的催化作用有抑制性。

c. 酶—合成洗涤剂法脱胶。由于酶的催化作用具有高度专一性,酶对纤维上其他杂质的去除率很小。因此,常和肥皂或合成洗涤剂合用,以进一步提高精练效果。

**预处理**。在酶脱胶工艺中预处理很重要。因为在酶脱胶时,为使酶充分发挥其催化作用,温度应控制在最佳温度范围内。一般酶的最适温度较低,在此条件下要使丝胶充分、均匀膨化是较困难的,加之酶本身不易渗透到织物内部,因此,只有通过加强预处理,使纤维充分膨化,以利于酶液的渗透和酶对丝胶水解的催化作用,从而提高脱胶效率。生产中常采用碱性条件(pH 值 = 9.5)下的高温预处理(90 ℃以上)方法。

预处理练液的 pH 值由碱剂(硅酸钠、碳酸钠)来调节要求渗入丝胶层中的碱剂量不能超出酶作用的最适 pH 值范围。

**酶脱胶**。蛋白酶有碱性、中性、酸性三类。碱性蛋白酶如 2709 蛋白酶最适 pH 值为 9～11,恰好处于有利于丝胶溶解的 pH 值范围,脱胶均匀且脱胶率也较高,使用最为广泛。酶脱胶工艺如下:

| | |
|---|---|
| 2709 碱性蛋白酶 | 28～40 活力单位/mL |
| 碳酸钠 | 1.5 g/L |
| 温度 | 45 ± 22 ℃ |
| pH 值 | 9～11 |
| 时间 | 50～60 min |
| 浴比 | 1:45 |

蛋白酶应先放在塑料桶内用温水(40 ℃左右)或冷水充分溶解后再加入槽中,切不可用热水化酶。

酶的活力单位是指在最适宜条件下,每秒能催化 1 mol 底物转化为产物所需的酶量,定为 1 kat = 1 mol/s。

**精练**。酶脱胶后织物上的丝胶已基本去除,但存在于纤维上的其他杂质和色素却难以去除,因此,酶脱胶后还须进行精练。精练用剂常为合成洗涤剂,工艺处方和条件基本同合成洗涤剂—碱法脱胶。

（3）精练槽挂练操作注意事项。

① 控制练液温度在 98～100 ℃之间,保持液面微沸。温度如低于 95 ℃则精练不匀,易造成生块,而练液沸动激烈,则织物因摩擦易造成灰伤。

② 精练剂称料要准确,加料后,在织物入槽前,一定要去除浮渣水微沸再加入其他助剂,保险粉要在精练结束前 30 min 加入。盛放助剂的容器要避免使用铁制品,以防影响精练质量。

③ 织物入槽时,一般是将织物吊入练液中,使其自然沉没然后再起吊一次。起吊一次为操作一遍。织物初练(或预处理)入槽,操作一次以后每相隔 10 min 再操作一次,使织物内外层练液得到充分交换。复练后,丝胶已基本脱尽,一般操作两次即可。

④ 操作精练用吊车时,上下速度不宜太快,起吊太快,织物带水过重,易形成吊襻印。

⑤ 出水要净。在高温水洗过程中,要抬绸操作 1～2 次,让织物上的杂质能完全落入水中。

**2. 平幅连续精练**

（1）设备。

采用意大利 MEEZZERA 公司生产的 VBM-LT 型长环悬挂式平幅连续精练机,如图 3-1-7 所示。

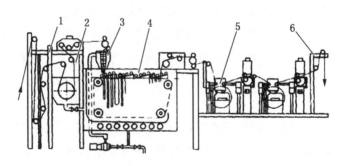

**图 3-1-7   VBM-LT 型平幅连续精练机**

1—进绸装置   2—预浸槽   3—成环装置   4—VBM 型精练槽   5—LT 型吸鼓式平洗槽   6—出绸装置

全机组成部分有进绸装置、成环装置、VBM 精练槽、LT 平洗槽、落绸装置等。进绸装置由进布架、导布辊及电动机械吸边器组成。织物经进布架由吸边器扩幅并定位中心,然后导入预浸槽。预浸槽位于精练槽上端,底部有阀门与精练槽连通,槽内有一直径为 700 mm 的不锈钢辊筒半浸于练液中。该辊筒由无级变速装置传动,可使织物超喂并包覆在辊筒上被练液浸润。预浸槽的作用：一是润湿织物,并除去纤维中的空气,使织物变软、变重,在练液中不浮起,便于在精练槽中成环；二是预浸时,在高温练液的作用下织物收缩,起到预缩的效果,再借超喂辊和进绸成环装置使织物平幅进入精练槽。

精练槽是该机的主要部分,长 8 m,宽 2.1 m,高 1.68 m,练槽空容量为 26 m³,由进布成环装置,练液加热系统(直接、间接)及循环装置、挂绸杆的传动装置、练槽出口等几部分组成。织物从预浸槽出来后由超喂辊导入溢流槽,通过 V 型狭缝喷嘴,由活动导板把绸引入挂绸杆上成环。喷嘴狭缝的宽度可以调节,一般控制在比所练织物的厚度宽 2～3 mm 为宜。溢流槽练液由循环泵从精练槽底部抽吸上来,练液的高度应保持稳定(由主动调节装置控制),从而保持了 V 型狭缝喷嘴的液量(即水压)稳定。这样,织物借喷嘴的水压而被冲入练槽,并能完全舒展不折叠,再配合挂绸杆的匀速水平运动,使织物在挂绸杆上成环。挂绸杆之间相隔距离 10 mm,精练槽容绸量约为 400～500 m。挂绸杆是一椭圆形空心不锈钢管,并由精练槽两边循环链条传动往前缓慢移动至练槽出口。为克服丝绸在挂绸杆紧贴处产生生块疵病,在两边传动链条的内侧有锯齿形导轨。当挂绸杆在锯齿形导轨上运行至最高点后,挂绸杆因重力作用而突然下落,绸匹受水浮力的影响下落较慢,使绸与挂绸杆的原接触点改变,或者使绸与挂绸杆之间松动一下,便于练液渗透。精练槽有 20 多个锯齿,每经过一个锯齿,绸匹就改变一次接触点或松动一次,避免了绸匹长时间紧贴挂绸杆而产生生块等疵病。

精练后的织物需要经过中心定位装置,纠正织物可能在练槽中出现偏离中心的现象。通过二辊轧车去除织物上所带的练液,再由张力调节装置控制好织物的经向张力,直接进入水洗槽进行水洗。

LT 平洗槽(吸鼓式)内装有直径为 700 mm,表面有不锈钢圆网的水洗轮,织物贴附于圆网外围运行时,使粘附在织物上的杂质被网中强制循环水流带走,提高了水洗效率。一般有 2～3 只平洗槽,平染槽之间有二辊轧车。为了尽量减少张力,平洗槽水洗轮和二辊轧车都是单独传动,并有张力自动调节装置和自停装置控制张力。织物最后经出布装置平幅落绸或卷取落绸。

(2) 工艺。

① 助剂。采用平幅连续精练机精练,织物完成全部过程所需的时间要比挂练槽精练短得多。要在较短时间内获得较好的精练效果,这就要求精练剂不仅能脱胶,还能去除蚕丝所含的蜡质及其它杂质。近年来国内外相继出现了各种快速精练剂,即复合精练剂。复合精练剂中含有多种药剂,以增强净洗和柔软作用,促进乳化、分散和溶解提高练液的稳定性,防止再污染,具有对重金属离子的络合作用和对丝素的保护作用等。如意大利的格罗邦 BPM/50(GeroponBPM/50)、德国的米托邦 SE(Miltopan SE)等,国产的快速精练剂有 AR-617、SR-875、ZS-1 等。

从形状上分,快速精练剂有粉状和液状;按所含主要成分分,有以肥皂为主要成分的和以表面活性剂为主要成分的;从应用上分,既有适合于精练槽精练的,也有适合于平幅连续精练机精练的。这些精练剂组成虽有所不同,但一般认为由碱剂、表面活性剂、金属络合剂、丝素保护剂以及添加剂等组成。

碱剂根据需要可选用氢氧化钠、硅酸钠、磷酸三钠、硼砂、碳酸钠和碳酸氢钠等一种或两种。强碱精练速度极快,但易损伤丝素。碳酸钠和碳酸氢钠拼用,因缓冲作用良好,有助于提高精练效果。表面活性剂一般选阴离子型的(包括肥皂在内)和非离子型的。

肥皂以软肥皂(油酸钠)为好。阴离子表面活性剂常用的有烷基苯磺酸钠和脂肪醇磺酸钠。非离子表面活性剂常用品种有脂肪醇、聚氧乙烯醚、烷基酚聚氧乙烯醚、十八烷基聚氧乙烯醚以及聚乙二醇脂肪脂肪酸酯类。金属络合剂主要有 EDTA 和六偏磷酸钠、焦磷酸钠等。在蚕丝绸高温及高 pH 值精练时,丝素保护剂可与和丝素相连的最后一层丝胶相结合,从而避免丝素受到损伤。葡萄糖、聚丙烯酸钠盐、多元醇和高级羧酸衍生物等都可作丝素保护剂。添加剂主要是指粉状精练剂中的填料,如无水硫酸钠;有的则是还原剂如亚硫酸钠,可提高精练绸的白度,有的则是柔软剂,可减少丝纤维间的摩擦系数,减少灰伤疵病。

② 平幅连续精练机精练工艺举例。

【例 3-1-1】

| | |
|---|---|
| 米托邦 SE | 12 g/L |
| 保险粉 | 0.5 g/L |
| 温度 | 96～98 ℃ |
| pH 值(用 NaOH 调节) | 11 |
| 车速(视织物厚薄而定) | 10～25 m/min |
| 水洗温度:第一槽 | 80 ℃ |
| 第二槽 | 40 ℃ |
| 第三槽 | 室温 |

实际上,车速是根据精练时间决定的,如采用快速精练剂米托邦 SE 精练各种厚度不同的丝织物时,精练时间一般在 40～65 min。一台 VBM 型精练槽容绸量按 400 m 计,若采用车速为 10 m/min,实际精练时间为 40 min,这对薄织物来说,用一台 VBM 型精练槽就可以了。若精练厚织物,则需要双槽 VBM 型精练槽联合使用,车速也可以稍快些,而且前后槽也可选用不同的快速精练剂。

【例 3-1-2】

a. 前槽:

| | |
|---|---|
| HEPATEX P-400 | 5.0 g/L |
| 纯碱 | 1.7 g/L |
| 保险粉 | x |
| 六偏磷酸钠 | 0.25 g/L |
| 温度 | 98 ℃ |
| pH 值 | 9.5～10 |
| 车速 | 15 m/min |
| 水洗温度:第一格 | 70 ℃ |
| 第二格 | 40 ℃ |
| 第三格 | 室温 |

b. 后槽：

| | |
|---|---|
| 精练剂 AR-617(50%) | 10 g/L |
| 保险粉 | $x$ |
| 温度 | 98 ℃ |
| pH 值 | 10 |
| 车速 | 15 m/min |
| 水洗温度：第一格 | 70 ℃ |
| 　　　　　第二格 | 40 ℃ |
| 　　　　　第三格 | 室温 |

平幅连续精练可用于各类真丝织物的精练，练白成品比挂练成品脱胶均匀，没有灰伤、吊襻印等疵病。自动化程度较高，节省人力，降低劳动强度。但浴比过大（1∶500），耗水、耗电、耗汽，精练成本较高。若操作不当，薄织物易飘浮，成环时会折叠或偏离中心，产生无法修复的皱印等。另外，使用快速精练剂，特别是采用强碱来调节 pH 值，随着槽中练液使用时间的延长，槽内丝胶越来越多，每天补加的强碱也越来越多，对织物的强力会带来一定的影响。由于上述种种原因，平幅连续精练机的应用受到一定的限制。

**3. 星形架精练**

（1）星形架结构。星形架精练筒主要由星形挂绸架和圆形练筒两部分组成。

星形挂绸架如图 3-1-8 所示。和精练槽挂练相同，往往也是 5～9 只练筒为一组。精练时，需人工将坯绸单层地挂在可以旋转的星形架的挂钩上，然后用吊车吊入圆形练筒中精练。精练水洗完毕后，仍需人工将织物脱钩取下。星形架精练脱胶均匀，可防止白雾、生块疵病，可解决较厚重的斜纹、纺、绉、缎类丝织物在精练槽精练时易产生的吊襻印和皱印等。但是，星形架精练劳动强度大，织物在精练过程中易脱钩。为此，不少生产厂对星形架精练机做了改进。

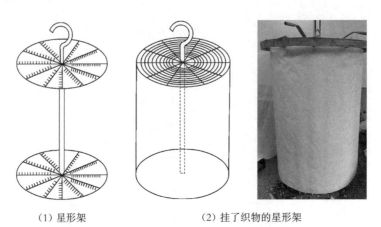

（1）星形架　　　　　　　　（2）挂了织物的星形架

图 3-1-8　星形挂绸架结构及实物

① 在圆形练筒边部安装电动机及连杆机构，利用杠杆原理，可使星形架在圆形练筒中作缓慢往复升降运动。一般在初练时可连续使用，复练时应间歇使用，否则绸面易产生灰伤。

② 在星形架上设计了特殊的档条机构，在精练过程中，将织物实行"封锁"，防止织物从钩针上脱落，精练完毕后，又能通过平面螺旋机构，由档条将织物从钩针上推落，实现星形架上的织物整体脱钩，减轻了人工操作。改进后的星形架结构如图3-1-9所示。

（2）星形架精练工艺。

① 精练用剂主要是肥皂、纯碱、泡花碱、保险粉、表面活性剂等，用量与精练槽挂练相同。

② 精练工艺流程：生坯退卷→缝头→手工挂绸→预处理→初练→热水洗→复练→热水洗→温洗→冷水出筒→整体脱钩→轧水打卷。

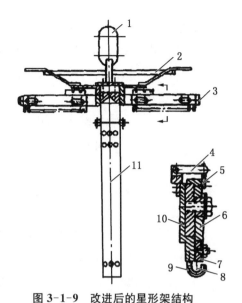

**图 3-1-9　改进后的星形架结构**

1—吊环　2—平布螺旋组合件　3—机架
4—离合定位器　5—轮辐　6—针板架
7—针板　8—钩针　9—档条
10—档条板　11—多孔管

**4. 卷染机精练**

卷染机也可用于蚕丝织物精练加工，生产工艺已经比较成熟。卷染机容布量比较大，省去了煮练槽和星形架工艺的挂绸工序，无吊襻印，但不适合加工弹性较大的绉类织物。

【例3-1-3】　15姆米电力纺碱法脱胶工艺

工艺流程：冷水60℃×2道→热水洗98℃×6道→碱脱胶98℃×4.5 h（pH值9～10.5，浴比1∶3）→热水洗98℃×3道→冷水洗×2道

工艺处方：

| | |
|---|---|
| 小苏打 | 10 g/L |
| 碱粉 | 10 g/L |
| 高效渗透剂 YR-200 | 5 g /L |
| 除蜡剂 LR | 2 g/L |
| 保险粉 | 2 g/L |

助剂简介：

（1）碱粉：调节脱胶pH值。

（2）小苏打：调节脱胶pH值。

（3）高效渗透剂 YR-200：有效地促进助剂向纤维内部渗透，提高前处理效果，具有较高耐硬水稳定性，对织物上的油污、斑迹有一定的净洗、乳化作用。

（4）除蜡剂 LR：对织物上的蜡质、机油等有较强的萃取力和乳化力。

（5）保险粉：还原剂，去除色素。

**【例 3-1-4】** 19 姆米素绉缎酶法脱胶工艺

工艺流程：冷水（常温）×2 道→酶脱胶 45 ℃×4 h（pH＝9～10.5，浴比 1∶3）→热水洗（98 ℃×2,50 ℃×2）→冷水×2

工艺处方：

| | |
|---|---|
| 退浆酶 ZS-20 | 10 g/L |
| 小苏打 | 5 g/L |

助剂简介：

（1）退浆酶 ZS-20：一种蛋白酶，可催化丝胶水解，帮助丝胶脱除，最佳使用温度为 45～50 ℃。

（2）小苏打：学名碳酸氢钠，调节练液 pH 值。

脱胶设备见图 3-1-6。

卷染机是间歇式平幅染色机械，织物以平幅状态通过染槽往复卷绕于卷布辊上，完成染色，它不仅适用于各种染色工艺，还适用于退浆、煮练、漂白、洗涤和后处理等加工，具有体积小、投资少、用途广等特点，操作简单，更换颜色、品种方便，特别适合中、小批量染色、练漂加工。

图 3-1-6　电脑双频常温卷染机

## （四）漂白

桑蚕丝含天然色素不多，且大部分存在于丝胶层中，随着脱胶过程的进行，加上练液中保险粉的还原漂白作用，精练后的织物已经比较洁白。但存在于丝素中的色素，经精练难除尽，有时仍需经过漂白或增白处理。

采用还原漂白法漂白，色素的去除不彻底且日久易受空气中氧的作用而泛黄。因而，通常采用氧化漂白剂对丝织物进行漂白。含氯的氧化剂会使蚕丝纤维氯化受损，生产中不使用，通常使用双氧水控制适当条件对丝织物进行漂白。其工艺条件（举例）如下：

| | |
|---|---|
| $H_2O_2$（32%） | 3～5 g/L |
| $Na_2SiO_3$（35%） | 1～2 g/L |
| 非离子表面活性剂 | 0.2 g/L |
| 温度 | 75～80 ℃ |
| pH 值 | 8～8.5 |

将精练、水洗后的织物在上述溶液中浸漂 60～120 min，最后以热水、冷水各洗涤 1 道。

为了提高织物的白度，对于有特殊要求的特白产品，常在精练或漂白后用荧光增白剂进行增白处理。荧光增白剂是一种对纤维具有直接性的无色染料。荧光增白剂上染在织物上后，不但能反射可见光，还因能吸收日光中不可见的紫外线，发射出明亮的紫蓝色荧光,从而消除织物上的黄暗色调,使织物呈现明显的洁白感。

蚕丝织物常用荧光增白剂 VBL 或雷可福 WS 增白,其增白工艺条件如下:

| | |
|---|---|
| 荧光增白剂 VBL 或雷可福 WS | 0.3～0.4 或 0.1～0.2 g/L |
| 匀染剂(平平加 O) | 0.1 g/L |
| 温度 | 40～50 ℃ |
| 浴比 | 1:30 |

将练漂过的织物在上述溶液中浸染 20 min,不经水洗即行脱水、烘干。增白过程中必须使织物充分松开,防止增白不匀。

### 三、柞蚕丝织物练漂的方法

柞蚕丝与桑蚕丝一样,都是由丝素、丝胶组成的蛋白质纤维,其基本单元结构都是 α-氨基酸。但柞蚕丝的丝素、丝胶的氨基酸组成和含量与桑蚕丝有较大的区别,丝胶杂质的含量与桑蚕丝也有明显差异。桑蚕丝含丝胶量为 20%～30%,柞蚕丝胶只有 12% 左右。就非蛋白质成分而言,桑蚕丝只有 2% 左右,而柞蚕丝为 8% 以上。柞蚕丝胶与丝素难以分离,非蛋白质成分又与丝胶结合牢固,致使丝胶溶解性能降低,因此柞蚕丝精练需在较强的碱性条件下进行,并采用较高的温度和较长的时间。桑蚕丝的天然色素含量少,又只存在于丝胶层中,随着精练脱胶就可以去除,如果没有特殊要求,桑丝绸一般不需要进行氧化漂白,只在精练过程中加入保险粉之类的还原漂白剂,以消除织造过程中施加的着色染料及其它有色物质,从而提高绸匹白度。而柞蚕丝具有天然淡黄褐色,其色素含量比桑蚕丝高,不仅存在于丝胶层,而且还牢固地结合在丝素中,难以分离去除,所以,柞丝绸精练后只能去除部分色素,仍呈淡黄褐色。因此,柞丝绸一般需要经过以氧化剂为主的漂白工序。对白度有更高要求时,可以在氧化漂白后再进行还原漂白,或者再进行增白。

柞丝绸的练漂工艺流程如下:

坯绸准备→精练(包括预处理、酶练、皂碱练和水洗)→漂白(包括氧化漂白、还原漂白)→练后处理(包括酸洗、脱水、烘干、润绸、柔软、平光等)

柞丝绸的精练以皂-碱法脱胶和酶法脱胶两种最为常见。精练设备为不锈钢精练槽。

**(一)脱胶**

**1. 皂-碱法脱胶工艺**

(1)工艺流程:

坯绸准备→浸泡→精练→热水洗→温水洗

(2)工艺条件:

| | |
|---|---|
| ① 浸泡:碳酸钠 | 2 g/L(续加量 1 g/L) |
| 温度 | 90 ℃ |
| 时间 | 60 min |
| 浴比 | 1:(30～50) |

② 精练：

| | |
|---|---|
| 肥皂 | 3～4 g/L(续加量 0.5～1 g/L) |
| 碳酸钠 | 2～2.5 g/L(pH = 10～11) |
| 温度 | 98～100 ℃ |
| 时间 | 90～120 min |
| 浴比 | 1∶(30～50) |

③ 热水洗：

| | |
|---|---|
| 平平加 O | 根据需要酌量加 |
| 温度 | 98～100 ℃ |
| 时间 | 40 min |

④ 温水洗：若需漂白可在 50～60 ℃条件下洗 15 min,再将绸置入漂白槽,若为精练产品,则需进行两次温水洗(第一次为 70～80 ℃,第二次为 40～45 ℃)。

**2. 酶脱胶工艺**

(1) 工艺流程：

预处理→水洗→酶脱胶→热水洗→皂练、水洗

(2) 工艺条件：

① 预处理：

| | |
|---|---|
| 碳酸钠 | 1 g/L |
| 温度 | 80～90 ℃ |
| 时间 | 60 min |
| 浴比 | 1∶(30～50) |

② 水洗：

| | |
|---|---|
| 温度 | 30 ℃ |
| 时间 | 40～45 min |

③ 酶脱胶：

| | |
|---|---|
| 2709 碱性蛋白酶(4 万活力单位) | |
| 碳酸钠(调节 pH 值) | 9～10 g/L |
| 温度 | 45～50 ℃ |
| 时间 | 60～90 min |
| 浴比 | 1∶(30～50) |

④ 热水洗：

| | |
|---|---|
| 温度 | 80～90 ℃ |
| 时间 | 20～30 min |

如为成品绸,需进行轻微皂练后脱水。若需漂白,则不经皂练,再用 50～60 ℃的热水洗 15 min,然后进入漂白槽。

## (二) 漂白

柞丝绸和其他蛋白质纤维一样,不能使用含氯漂白剂,主要使用过氧化氢漂白。漂白设备为不锈钢精练槽。常采用分阶段升温法,漂白时间较长。

1. 工艺流程:

漂白→热水洗→温水洗→(增白)→水洗

2. 工艺条件:

① 漂白:

| | |
|---|---|
| $H_2O_2$(28%～30%) | 10～16 g/L |
| $Na_2SiO_3$ | 3～5 g/L |
| pH 值 | 9～11 |
| 温度 | 60～85 ℃ |
| 时间 | 3～12 h |
| 浴比 | 1:(30～50) |

② 热水洗:

| | |
|---|---|
| 温度 | 80～85 ℃ |
| 浴比 | 1:(30～50) |
| 次数 | 2～3 次 |

③ 温水洗:

| | |
|---|---|
| 温度 | 40～50 ℃ |
| 浴比 | 1:(30～50) |
| 次数 | 1 次 |

④ 增白:

| | |
|---|---|
| 雷可福 WS | 0.15～0.25 g/L |
| 匀染剂 | 0.1～0.2 g/L |
| 温度 | 70～80 ℃ |
| 时间 | 20～30 min |
| 浴比 | 1:(50～60) |

**技能训练**

# 实验六　蚕丝织物脱胶工艺实验

## 一、实验目的

1. 掌握蚕丝脱胶原理。

2. 熟悉碱法脱胶工艺条件和各助剂的作用。

3．掌握练减率的测定方法。

## 二、实验准备

1．仪器设备：烧杯、药勺、搅拌棒、钢制染杯、量筒、电子天平、广泛试纸、电热恒温水浴锅。

2．实验药品：肥皂、合成洗涤剂、纯碱、硅酸钠、保险粉。

3．实验材料：未脱胶蚕丝织物3块，每块重1 g。

## 三、实验原理

丝素和丝胶均为蛋白质，丝胶包裹在丝素纤维外层。丝胶的氨基酸组成中含有更多亲水性强的极性氨基酸，分子排列也比丝素分子松散、无序，结晶度低，借助一定的化学剂可以去除丝胶，同时不损伤丝素。

## 四、工艺方案（参考表3-1-2、表3-1-3）

表3-1-2　工艺方案

| 试样编号 | 1# | 2# | 3# |
|---|---|---|---|
| 工序过程 | 预处理 | 预处理→初练 | 预处理→初练→复练 |

表3-1-3　工艺处方

| 助剂 ＼ 工序 | 预处理 | 初练 | 复练 |
|---|---|---|---|
| 肥皂(g/L) | — | 5 | 4 |
| 碳酸钠(g/L) | 1 | 0.5 | 0.5 |
| 硅酸钠(g/L) | — | 2 | 1 |
| 保险粉 | — | 0.5 | — |
| pH值 | 9～10 | 9～10 | 9～10 |
| 浴比 | 1∶50 | | |

工艺流程及条件：预处理(80 ℃,30 min)→初练(98～100 ℃,40 min)→复练(98～100 ℃,40 min)→温水洗(60 ℃,5 min)→冷水洗(5 min)→烘干至恒重。

## 五、实验步骤

1．打开电热恒温水浴锅电源，调至实验温度。

2．将3块试样撕去毛边，用相同丝线绞缝四边，防止丝纤维脱落。

3．称重。将试样编号后，精确称重。

4．根据处方要求分别配制预处理液、初练液和复练液。

5．将盛有预处理液的染杯放入恒温水浴中，盖上表面皿，加热至实验温度后，同时投入3块试样，开始计时。处理过程中不时翻动试样。

6．预处理完成后，取出3块试样。试样1按照后处理流程进行清洗，烘干。试样2、3投入已升温至初练温度的练液中，开始计时。处理过程中不时翻动试样。

7. 初练完成后,取出试样 2、3。试样 2 同试样 1 一样进行练后处理。试样 3 投入已升温至复练温度的练液中,开始计时。处理过程中不时翻动试样。

8. 复练完成后,对试样 3 进行练后处理。

9. 晾干后,对 3 块试样进行称重。

10. 计算练减率。公式如下:

$$练减率 = (A - B)/A$$

其中:$A$ 表示练前试样绝对干重(g);$B$ 表示练后试样绝对干重(g)。

### 六、注意事项

1. 实验过程中,温度对脱胶影响很大,严格控制温度的误差在 ±1 ℃ 以内。

2. 精练时间可根据织物组织规格做适当调整。

### 七、实验报告

表 3-1-4 实验结果

| 实验结果 ＼ 试样编号 | 1# | 2# | 3# |
|---|---|---|---|
| 练前试样干重(g) | | | |
| 练后试样干重(g) | | | |
| 练减率(%) | | | |
| 白度(%) | | | |
| 手感 | | | |

## 【学习成果检验】

### 一、概念题

1. 丝织物。

2. 熟丝。

3. 练减率(脱胶率)。

4. 泛黄率。

### 二、填空题

1. 蚕丝主要由丝素和丝胶两部分组成,基本组成单元都是_____,其中_____是丝纤维的主体部分,丝胶约占蚕丝质量的_____。

2. 蚕丝脱胶常用碱脱胶法,该法脱胶 pH 值一般控制在_____,常用的碱剂有_____,脱胶温度一般保持_____。

3. 蚕丝精练液中加入保险粉的作用是_____,精练预处理的目的是_____,主要精练工序是_____。

4. 酶的催化特性是_____性和_____性。常用于蚕丝脱胶的酶是_____,其应用最适宜温度是_____,pH值是_____。

### 三、简答题

1. 简述碱脱胶的原理。

2. 写出蚕丝精练槽精练时合成洗涤剂—碱法工艺的流程及各工序的条件、所用助剂及其作用。

3. 简述蚕丝脱胶质量评价指标及要求。

## 任务3-2 蚕丝织物的染色

【学习目标】

| 能力目标 | 知识目标 | 素质目标 |
|---|---|---|
| 1. 初步具备真丝织物染色工艺设计和实施能力。<br>2. 初步具备真丝织物染色质量评价能力。 | 1. 掌握丝织物染色工艺相关理论。<br>2. 了解丝织物染色生产中常见疵病及产生原因。 | 团结协作;学以致用;自学能力和创新意识。 |

### 工作任务

某丝绸印染企业化验室接到一批加工订单,该订单加工织物为真丝双绉,要求将其染成黄色,皂洗色牢度和摩擦色牢度在3级以上。作为化验室工艺员,试进行来样分析,设计出该批丝织物的染色工艺,并通过小样染色实验实施工艺。

### 知识准备

### 一、酸性染料染色

酸性染料是蚕丝织物染色的常用染料,染色操作简便,得色浓艳。酸性染料中的强酸性染料相对分子质量小,溶解度大,匀染性好,色泽鲜艳,但与丝纤维的亲和力低,要在pH值为2~4时才能上染纤维,且色牢度差,蚕丝织物染色很少使用。弱酸性染料相对分子质量大,结构比较复杂,与丝纤维的亲和力较高,根据染料性能不同,可在弱酸性浴或中性浴中染色,染色牢度好,蚕丝织物染色常用这类染料。

### (一)染色机理

蚕丝纤维属于蛋白质纤维,在大分子侧链和和分子末端有酸性的羧基(—COOH)和碱性的氨基(—NH$_2$)存在,具有两性性质。桑蚕丝纤维的等电点为3.5~5.2。在等电点

以下的酸性溶液中,纤维呈阳荷性,与阴荷性的酸性染料之间以离子键结合。

弱酸性染料分子量较大,与纤维亲和力较高,一般在弱酸浴或在中性浴中染色。在弱酸浴中 pH 值一般控制在 4~6 之间,pH 值在蚕丝纤维等电点附近,部分染料可以通过离子键与纤维结合,也有部分染料因染液中没有足够的氢离子使丝纤维带阳电荷而以氢键和范德华力上染纤维。当染料在中性浴中染色时,染液的 pH 值控制在 6~7 左右,这时,蚕丝纤维大分子几乎不带阳电荷,染料分子只能以氢键和范德华力上染纤维。

### (二) 染色工艺因素分析

弱酸性染料上染蚕丝纤维的机理与羊毛相似,其染色工艺因素也大致相同,但每个因素对羊毛和蚕丝的染色影响程度是有差异的,一般都要通过实验分析各因素的对染色效果的影响规律,确定最佳工艺条件。

**1. 染色温度**

温度是影响染色速率和染色效果的重要因素。染料分子结构复杂,在溶液中分子聚集倾向大。升高染色温度可以降低染料的聚集度,提高纤维膨化度,有利于染料上染纤维。但温度过高,织物长时间沸染,会造成丝纤维损伤,影响产品质量,所以染色温度一般控制在 95 ℃左右,保持"沸而不腾"。

**2. 染色时间**

纤维膨化、染料分子扩散进入纤维内部,都需要一定的时间,扩散速度慢的染料,更需要足够的时间扩散渗透及移染。但是,染色时间过长,会使生产效率下降,织物长时间高温浸渍,对已脱胶的蚕丝纤维不利。所以染色时间一般控制在 60 min 左右。

**3. 染液 pH 值**

蚕丝纤维在酸性介质中能抑制羧基电离或增加正电荷。酸性越强,纤维上氨基离子化形成的正电荷越多,与酸性染料阴离子间的静电引力越大,酸性染料的上染就越快。因此,酸在上染过程中起促染作用。为了提高染料的上染百分率,并控制一定的染色速率,达到匀染的目的,生产上要根据酸性染料的结构,或者说,按照染料亲和力的大小分别采用不同的染色 pH 值。对分子相对较简单的弱酸性染料,一般可用冰醋酸调节染液pH 值至 4~6。冰醋酸不宜在染色开始时加入,否则会因上染过快产生染色不匀。对一些分子结构复杂、扩散性较差的弱酸性染料,最好在中性浴中染色,用醋酸铵盐调节染液pH 值至 6~7,因为某些结构复杂的染料即使在弱酸浴中染色,也会因上染过快而染色不匀。对一些匀染性差的弱酸性染料,可通过在染液中加缓染剂来提高匀染效果。也可先中性浴染色,再逐步加酸,以提高上染百分率。总之,染液 pH 值应随染料亲和力的增加而提高。

**4. 电解质的影响**

弱酸性染料在弱酸浴或中性浴中染色时,由于染液 pH 值高于或在等电点附近,纤维上主要带负电荷,染料与蚕丝纤维间以静电斥力为主,染料主要是以氢键和范德华力与纤维结合,所以加入电解质(如食盐、元明粉等),能减弱纤维对染料阴离子的斥力作用,促使染料上染,尤其是中性浴染色时,电解质的促染作用更为明显。为了防止上染过快而造成染色不匀,电解质宜在染色中分次加入。另外,加入过多的电解质,会使蚕丝织物的手感变硬,所以,应适当控制加入电解质的量。

### 5. 染色浴比的影响

染色浴比的大小,因所用染色设备而异。如卷染机加工浴比较小,一般为1:(3~5);绳染机稍大,一般为1:(30~50),而星形架染色浴比则更大。一般浴比小,上染率高;浴比大,得色均匀,但残留在染液中的染料较多,上染率低。因而在实际生产中,大浴比染色往往都采用"连桶"续用,这样可以充分利用染化料。在"连桶"生产中,应掌握残液中染料和助剂的残留量,尤其是几个染料拼色的时候,要确定恰当的染料补加量,方能使原液染色和"连桶"染色的织物色光一致。"连桶"的次数也有一定限度,因为连桶次数愈多,残液中的染化料浓度愈复杂,极不易掌握。但如染黑色,则较易掌握,"连桶"次数可适当多些。

### 6. 坯绸质量

坯绸质量是指坯绸前处理质量,它对蚕丝染色绸的色泽鲜艳度和匀染效果的影响不可忽视。首先,蚕丝坯绸脱胶程度要均匀一致,若脱胶不匀或不充分,则易产生染色不匀,且染色绸的手感、光泽也差。为了克服蚕丝染色绸的"灰伤"疵病,除了合理选择设备和工艺外,还应控制染色坯绸的脱胶率。染色坯绸的脱胶率控制在21%左右为宜,稍低于练白绸(约23%)。因为在高温染色时,坯绸中的丝胶还可以进一步脱除。坯绸上保留部分丝胶可保护丝素,防止丝素擦伤,产生茸毛。为了方便,实际生产中,一般通过目测、手摸的方式确定脱胶程度。具体脱胶率的控制依据织物品种、设备等来确定。例如卷染机加工时,坯绸先脱胶,脱胶完成后,织物不下机直接染色,脱胶程度以织物白度、柔软程度、均匀度等指标来定性判定。由于脱胶时织物承受张力,产生伸长,裁取脱胶前后同样块面大小织物测得的脱胶率在27%左右。还需提高坯绸的白度,一般白度控制在80%以上。坯绸白度高,可使染色时得色更加明亮、艳丽。

### 7. 水质的影响

染色用水质量是决定染色质量的重要因素之一。水质是水的硬度、浊度、酸碱度等各种指标的综合反应,这里只将硬度这一重要指标对染色的影响进行分析。水质硬度过高,易使染料生成难溶性的钙盐或镁盐,染色时不仅浪费染化料,且易造成色斑、色块,引起色泽萎暗。如果水质不稳定,用水硬度忽高忽低,染色绸在批与批之间极易产生色差。由于 $Ca^{2+}$、$Mg^{2+}$ 离子的促染效果比 $Na^+$ 离子还要显著,染浅色极易产生色花、刀口印。染色用水宜用软水,如果水质达不到要求,可在水中加入软水剂(如纯碱或六偏磷酸钠),降低水的硬度。

**(三) 酸性染料的染色方法**

**1. 卷染工艺**

**九霞缎妃色染色实例**

蚕丝织物染色
用设备的选择

(1) 工艺流程：

织物上卷→前处理→染色→后处理→上轴

(2) 工艺处方：

| | |
|---|---|
| 卡普仑桃红 BS | 0.14%（对织物质量） |
| 平平加 O | 0.5 g/L |
| 冰醋酸 | 0.5 mL/L |
| 浴比 | 1∶（3～5） |

(3) 操作说明：

① 织物上卷，布边要整齐，否则易造成染色不匀。采用的机头布要干净。卷染机的张力控制要适当（即制动装置的螺丝不宜过紧或过松），辊筒表面要平整光滑，防止产生两边色深或皱印。

② 前处理：染色前，织物先在冷水中交卷一次，然后加入平平加 O（1 g/L）在 95～98 ℃温度下交卷两次。其目的是清洁织物，扩散钙、镁皂，使纤维均匀湿润和膨化，以利于染料的吸附、扩散和渗透。

③ 卡普仑桃红 BS 适宜于弱酸浴染色，故选用冰醋酸调节 pH 值。染色时，先将平平加 O 和染料配成染液，织物于 95 ℃下共染 10 道，第 4、5 道时加入冰醋酸，染色结束放去染液。

④ 后处理，分别用 60 ℃和 50 ℃的热水各水洗一次，以洗除织物表面的浮色和残留助剂，以获得鲜艳色泽，提高水洗、摩擦等染色牢度。

以弱酸性染料在酸性介质中可使真丝纤维染色，对纤维素纤维的人造丝则不上色或很少沾色，人们利用弱酸性染料的这种性能，对真丝和人造丝交织的提花织物进行染色而得到两种色泽，产生"双色效应"。因人造丝提花不上色（呈白色），即称为"闪银"。也可再用经过选择的直接染料，在中性浴中使人造丝染成黄色，而对真丝尽量不上色，这就称为"闪金"。

**软缎被面玫红白色染色实例**

染色处方：

| | | |
|---|---|---|
| （1） | 卡普仑桃红 BS | 1.1%（对织物质量） |
| | 平平加 O | 0.5 g/L |
| | 冰醋酸 | 3 mL/L |
| | 浴比 | 1∶（3～5） |
| （2） | 卡普仑桃红 BS | 0.14%（对织物质量） |
| | 平平加 O | 0.5 g/L |

| | |
|---|---|
| 冰醋酸 | 0.5 mL/L |
| 浴比 | 1 : (3~5) |

织物先在 1 g/L 的平平加 O 溶液中,浴量 200 L,温度 100 ℃下,走 2 道。然后染色:浴量为 150 L,加入平平加 O 和染料,100 ℃下染 3 道,在第 4、5、6 道分次加入稀的醋酸,然后在 100 ℃续染 13 道。染后先进行酸洗(平平加 O 0.5 g/L,冰醋酸 1 ml/L,浴量 340 L,80 ℃)2 道,后在 60 ℃、50 ℃清水中各走 1 道,水洗应充分,要洗净人造丝上的沾色,最后用固色剂固色处理。

### 浅蓝色 16 m/m 素绉缎染色实例

(1) 工艺流程:

冷水洗→染色(40~90 ℃、pH 值 4.5~5、浴比 1:3)→水洗 60 ℃×2 道→冷水×2 道→酸洗(冷水×2 道,温度、时间、pH 值 4.5~5)→出缸

(2) 工艺处方:

| | |
|---|---|
| 阿白格 SET | 0.5 g/L |
| 兰纳洒脱红 2B | 0.075% |
| 兰纳洒脱黄 2R-GR | 0.275% |
| 兰纳洒脱兰 2R | 0.65% |
| 醋酸 | 200ml |

(3) 助剂简介:

① 阿白格 SET:对丝绸酸性染料染色起匀染作用,可提高染料扩散力和匀染性。

② 醋酸:调节染液 pH 值。

(4) 操作说明:

① 织物入槽:根据织物品种,确定每槽加工数量,每档放置一匹织物,把织物的头尾相接。

② 前处理:织物在常温冷水中运转 2 道,然后把水放掉,再用 40 ℃水运转 2 道。

③ 染色:先用冷水化好阿白格 SET,加入染槽,运转 2 道,然后加入化好的染料溶液。车速 85 m/min,40 ℃×2 道,50 ℃×1 道,60 ℃×1 道,70 ℃×1 道,80 ℃×4 道,90 ℃×6 道(醋酸在 90 ℃×2 道后加入染槽)。

④ 后处理:水洗 60 ℃×2 道,50 ℃×2 道,冷水×2 道。加入 1 g/L 醋酸冷水运行 5 道后出缸。

### 2. 方形架染色工艺

### 真丝被面果绿染色实例

(1) 工艺流程:

织物 S 形折码→穿针、挂钩、上架→进槽前处理→染色→后处理→出槽、脱水

（2）染色处方（中性浴染色）：

| | 清水桶 | 连桶补加量 |
|---|---|---|
| 柴林湖蓝 5GM（对织物质量） | 3% | 2.1% |
| 普拉黄 R（对织物质量） | 0.85% | 0.66% |
| 平平加 O | 0.2 g/L | 0.04 g/L |
| 食盐 | 1.0 g/L | 0.6 g/L |
| 浴比 | 1:（100~200） | |

（3）操作说明：

① 因为方形架染槽的长度为 1.2 m，所以染前必须重新将将精练后坯绸进行 S 形码尺。码尺后穿针，沿门幅的一边，每间隔 0.24 m 左右处穿针，每匹绸穿 4~5 根针，穿针的目的是便于挂钩。穿针不能穿入绸身，挂钩必须均匀。门幅的另一边穿 2 根针，用 2 只挂架，并用绳子固定在两边框架上，防止织物浮起、起皱，织物平幅挂钩后，便能上架染色。

② 前处理：织物染前，先在 50 ℃左右平平加 O（0.2 g/L）的溶液中浸泡 15 min，防止织物高温染色时，因收缩而拉破边。

③ 染色：将染料和平平加 O 配成染液，织物于 80 ℃入染，20 min，然后坯绸吊起，将染液加热至沸，下槽操作 20 min，再吊起织物，加入食盐溶液，保温 100 ℃，续染 30 min。

④ 后处理：先以 45 ℃清水洗，然后在 40 ℃的固色液中浸渍，固色 30 min，最后冷水清洗。

**3. 星形架染色工艺**

（1）工艺流程：

挂绸→吊架入槽→浸渍（45~50 ℃）→染色→水洗（50~60 ℃）→出槽、下绸

（2）染色处方（中性浴染色）：

弱酸性染料（对织物质量）：

| | |
|---|---|
| 浅色 | 0.5%~1% |
| 中色 | 1%~4% |
| 深色 | 4%~10% |
| 匀染剂 | 0.2% |

（3）染色升温工艺曲线：

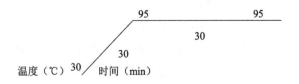

弱酸性染料中性浴染色上染率较低，但有利于染色均匀及连桶染色。如要获得较高

的上染率,可加酸或中性盐。为防止染色不匀,可在中途分次加入,酸剂最好用弱酸盐如醋酸铵、硫酸铵等。在高温下,醋酸铵逐步分解释放出醋酸,促进染料上染,由于酸剂是缓慢释放的,有助于匀染。一些匀染性差、扩散慢的弱酸性染料染色时,可使用匀染剂,如平平加O等表面活性剂,它们既有润湿、渗透作用,又可与染料暂时结合,然后缓慢释放出染料单分子,达到匀染、缓染的目的。同时平平加O还能与已染在纤维上的染料结合,使深色部分的染料分子溶于水中,并再使其在浅色处重新上染,起到"移染"作用。不过,平平加O的用量要适当控制,用量过多会产生"剥色"作用,使得色变淡。

### 4. 绳染机染色工艺

**真丝乔其橘红染色**

(1) 工艺流程:

织物入槽→前处理→染色→后处理→出槽

(2) 染色处方(中性浴染色):

| | |
|---|---|
| 普拉橘黄R | 1.8%(对织物质量) |
| 卡普仑桃红BS | 0.14 %(对织物质量) |
| 平平加O | 0.3 g/L |
| 食盐 | 0.5 g/L |
| 浴比 | 1∶30 |

(3) 操作说明:

① 织物入槽:根据织物品种,确定每槽加工数量,每档放置一匹织物,把织物的头尾相接。进绸时,防止织物绕到椭圆辊上。

② 前处理:织物在50 ℃的温水中运转10 min,然后把水放掉。

③ 染色:织物先在清水中运转,并逐步加入平平加O及染料溶液,接着,染液升温至80 ℃并加入食盐溶液,继续升温至95 ℃,染色30 min,共染90 min。

④ 后处理:先以流动冷水冲洗一次,再以40 ℃温水和冷水洗。水洗后,织物在45～50 ℃的固色液中固色30 min,以提高染色织物的湿牢度。

### (四) 固色后处理

在真丝纤维上染色的染料,一般染色牢度均不够好,需要在染色后用固色剂处理,以增加染色绸的皂洗牢度。

#### 1. 丝绸常用的固色剂及其性能

(1) 固色剂Y。固色剂Y(俗称白固色剂)是双氰双胺甲醛树脂初缩体的醋酸盐溶液,外观为透明无色黏稠液体,带阳电荷性,能与染料阴离子生成难溶的络合物,而且能在纤维表面形成一层树脂薄膜,从而进一步提高织物的水洗色牢度。

(2) 固色剂M。固色剂Y加醋酸铜即为固色剂M,外观呈浅蓝色,故称蓝固色剂。某些直接染料经铜盐处理后,会提高色牢度,尤其是耐日晒色牢度,但是经铜盐处理,有

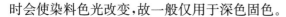

时会使染料色光改变,故一般仅用于深色固色。

固色剂 Y 和固色剂 M 均为含甲醛的固色剂,经处理后的织物会不断释出游离甲醛,使得它们的应用受到限制。国内正在开发无甲醛固色剂,如固色剂 WFF-1、固色剂 F 等均已上市。

(3) 固色交联剂 DE。固色交联剂 DE 为铵盐型的阳离子固色剂,它的分子中含有多个反应性基团——环氧基,它能与纤维分子上的羟基反应生成共价键,同时,又能与染料分子中的氨基、酰胺基等反应交联。此外,它还能自行交联与染料生成难溶的色淀,所以,固色效果较好。但一旦固色后,不能剥除。

(4) 丝绸固色剂 3A。固色剂 3A 系无甲醛固色剂,为多聚胺缩合物,属阳荷性表面活性剂,外形为淡黄色粉末,溶液呈中性,固色效果良好,可达 4～5 级,且有柔软作用。专用于丝绸固色。

**2. 固色方法及工艺**

(1) 固色剂 Y 的固色工艺:

| | |
|---|---|
| 固色剂 Y | 5～20 g/L(视色泽浓淡确定) |
| HAc | 1～3 mL/L |
| 平平加 O | 1～3 g/L |
| pH 值 | 5.5～6 |
| 温度 | 55～65 ℃ |
| 时间 | 20～30 min |

液量根据具体染色设备而定,固色处理后,可不经水洗直接烘干,有时为了改善丝织物的手感,也可以冷水清洗一次后烘干。

(2) 固色剂 3A 的固色工艺:

| | |
|---|---|
| 固色剂 3A | 2～8%(对织物质量) |
| 冰醋酸 | 0.2 g/L 对织物质量) |
| 平平加 O | 0.15～20 g/L(对织物质量) |
| 温度 | 50～60 ℃ |
| 时间 | 20～30 min |
| 浴比 | 根据具体染色设备而定 |

**(五) 染色中应注意的问题**

(1) 一般来说,弱酸性染料对丝纤维的亲和力较高,不宜用强酸促染。匀染性好的,可分别选醋酸、醋酸铵促染。匀染性能差的,采用中性浴(尚须加入匀染剂)染色,以达到匀染的目的。

(2) 尽量不以中性盐电解质作为促染剂,以免影响真丝织物的光泽与手感。不用中性盐作促染剂的另一优点是有利于固色处理,因硫酸根与固色剂容易产生沉淀而造成白雾疵病。

（3）染色的升温过程直接影响上染速率和产品质量。为了避免染色不匀，始染温度不宜太高，可控制在 80 ℃左右，然后逐渐升温。真丝织物比较轻薄，光泽要求高，故不能长时间沸染，最高染色温度最好控制在 95 ℃左右。染色结束前，还可适当降温，以提高上染百分率。染液沸腾时，坯绸不能下槽，以防冲击坯绸造成灰伤。

（4）方形架、星形架等染色时，由于浴比大，染化料用量大，在染色中，一般采用连缸染色的方法。若只有一缸任务的，可采取浅色逐步加深的方法，操作时要特别注意每批的色差。

（5）弱酸性染料的色牢度一般较差，通常需固色处理。

（6）特殊深色织物（如大绿等）的染色温度，以 90 ℃温度为宜，可确保其色牢度和匀染性。

（7）真丝/人造丝交织物"闪银"工艺，所选择的染料应尽可能对人造丝不沾色。染色后，应充分水洗，洗净人造丝上的沾色，以免白花不白。

## 二、直接染料染色

直接染料能直接溶解于水，它们除了对纤维素纤维具有直接性外，还具有类似酸性染料的性质，在弱酸性（某些经过选择的染料还可以在中性介质中染色）条件下对蚕丝纤维上染。直接染料色谱齐全，价格低廉，操作方便，应用广泛，但由于分子中含有水溶性基团，上染后容易落色，因而水洗色牢度不高，日晒色牢度也不够理想。虽然后来又发展了耐晒色牢度在 5 级以上的直接耐晒染料，但色泽不够鲜艳。直接染料因其染色牢度差，在棉印染上已被还原染料、活性染料所取代。而丝织物的染色牢度要求与棉布不同，体现在牢度检验方法上，丝织物的皂洗牢度检验方法以（40±1 ℃）为标准。某些牢度较好的直接染料已能满足要求（皂洗色牢度 3 级为合格）。同时，黏胶纤维的吸附性能特别强，在相同条件下，人造丝织物皂洗牢度的原样褪色程度会比棉纤维高 0.5～1 级。为此，直接染料在丝绸印染厂仍然应用较多，是目前人丝织物、人造丝与棉纱交织物染色的主要染料。直接染料在真丝织物上的应用主要是补充酸性染料色谱的不足，尤其是深色色谱，如深棕、墨绿、黑色等色泽。

### （一）直接染料染色机理

直接染料染色过程与酸性染料一样，也有吸附、扩散、固着三个过程。直接染料在蚕丝等蛋白质纤维上的染色原理也似弱酸浴或中性浴染色的酸性染料，除了在酸性介质中有些染料能生成离子键结合外，主要还是由于直接染料分子中存在着羟基、氨基、偶氮基等基团，蚕丝纤维中也存在着能形成氢键的基团（如—OH、—NH—等），两者可以氢键形式结合。同时直接染料分子呈线形，同平面性较好，以及有较长的共轭系统，与蚕丝纤维存在着范德华力的结合，从而使直接染料上染蚕丝纤维。

### （二）直接染料染色工艺

蚕丝织物用直接染料染色，可以单独应用，也可以与酸性染料拼混染色。染色时，一

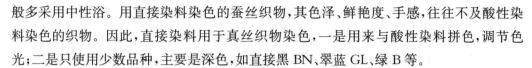

般多采用中性浴。用直接染料染色的蚕丝织物,其色泽、鲜艳度、手感,往往不及酸性染料染色的织物。因此,直接染料用于真丝织物染色,一是用来与酸性染料拼色,调节色光;二是只使用少数品种,主要是深色,如直接黑 BN、翠蓝 GL、绿 B 等。

下面以蚕丝电力纺黑色方形架浸染为例,说明直接染料染真丝绸的工艺。

(1) 工艺流程:

织物 S 形码尺→穿针挂钩上架→进槽前处理→染色→过槽水洗→固色处理→水洗→织物出槽下架

(2) 工艺处方:

① 染色处方:

| | 清水桶 | 续桶 1 | 续桶 2 |
| --- | --- | --- | --- |
| 直接黑 BN(对织物质量) | 18% | 9% | 7.2% |
| 平平加 O | 0.25 g/L | 0.20 g/L | 0.10 g/L |
| 食盐 | 8 g/L | 0.7 g/L | 0.7 g/L |

② 固色处方:

| | 清水桶 | 续桶 1 | 续桶 2 |
| --- | --- | --- | --- |
| 固色剂 Y(对织物质量) | 25% | 12% | 9% |
| 平平加 O | 0.04 g/L | 50 g/L | 50 g/L |
| 冰醋酸 | 0.1 ml/L | 100 ml/L | 100 ml/L |

(3) 操作说明:

① 前处理:织物在平平加 O 清水桶 0.4 g/L,续桶 1 加 0.014 g/L,续桶 2 加 0.007 g/L 溶液中,温度 50 ℃ 下浸渍 5 min,使纤维充分润湿和均匀膨化,并清除织物上残留的杂质。

② 染色时,将染料和平平加 O 配成染液升温至 100 ℃,织物在此温度下浸染 60 min,并于染色过程中分批加入食盐溶液促染,为了防止染液浓度或蒸汽加热不匀造成染色不匀,织物在入染时以及加盐促染后,特别应注意上下吊动操作。

③ 后处理和固色:染色结束后,分别以温水(70～50 ℃)及冷水各水洗 5 min,而后于 50 ℃ 浸渍固色液处理 20 min。

**(三) 染色中应注意的问题**

1. 染色时,元明粉、食盐等电解质,对染色具有促染作用。促染剂应在中途加入,以免由于染色初染率的提高而造成色花。

2. 直接染料易聚集,且大部分直接染料都能与硬水中的钙、镁离子络合成不溶性的沉淀,对硬水十分敏感。因此,染色时须采用软水。如水质硬度过高,可加软水剂(如六偏磷酸钠)去除钙、镁离子。

3. 染色时,加入元明粉、食盐等电解质应适量,以免过量的电解质造成染料聚集,导致盐析(即染料从染液中析出的现象)。析出的染料沉积在织物上,形成浮色,影响染色牢度,同时造成色点、色块等疵病。

4. 不需要固色的织物,染毕一定要多洗几道冷水,使织物完全冷却,否则易产生松板印。

## 三、中性络合染料染色

中性络合染料是一种具有特殊结构的酸性含媒染料。酸性含媒染料分两大类:一类是由一个染料分子与一个金属原子络合而成,称1∶1型酸性含媒染料。这类染料与强酸性染料性能相似,一般用于羊毛染色,很少用于丝绸。另一类染料是由两个染料分子与一个金属原子络合,称1∶2型酸性含媒染料。这类染料的性能和染色方法与弱酸性染料相似,可在弱酸浴或中性浴中对丝绸进行染色,所以又称中性络合染料,简称中性染料。

### (一)中性络合染料染色特点和染色机理

中性络合染料大多不含水溶性的磺酸(或羧酸)基团,仅含不电离的亲水基团,如磺酰胺甲基(—$SO_2NHCH_3$)、磺酰甲基(—$SO_2CH_3$)等。所以染料的亲水性小,溶解度差,但中性络合染料分子量大,湿处理牢度和上染百分率较各类酸性染料都有明显提高。在配制染液时,可先用温水将染料调成薄浆状,再用热水或沸水稀释至染料完全溶解为止,一般无需沸煮。由于染液呈胶体状,如放置时间过长,将发生沉淀,因此应随用随配。

中性络合染料可以在中性或近似中性的染浴中对真丝绸染色,染色机理与中性浴酸性染料染色相似,染料与纤维的结合主要是氢键和范德华力。由于分子量较大,对纤维亲和力较高,初染速率较快,而且染后染料的移染性很差,所以需注意控制染液 pH 值接近中性的范围。加入食盐或元明粉能起促染作用,但为了匀染,常加入匀染剂平平加 O,其用量为 $0.1\sim0.5$ g/L。中性络合染料的始染温度不宜太高,一般为 $40\sim50$ ℃,且升温必须缓慢,才能使染色均匀。中性络合染料的各项牢度均较酸性染料好,尤其是日晒色牢度更好,一般染后不需固色处理。但是由于它有金属络合,色泽不及酸性染料艳亮,而且色谱不全,所以这类染料主要用于染深浓色,尤其是染灰、黑色。目前,蚕丝织物用中性络合染料染色,常与弱酸性染料(少数也与直接染料或活性染料)拼混使用,以改善其色光偏暗之不足。染色方法与中性浴酸性染料基本一致,根据织物组织规格的不同,分别选用绳染或卷染。(有些染料厂将弱酸性染料和中性浴酸性染料统称弱酸性染料,仅在应用方法上以示区别。)

### (二)中性染料染色工艺

**1. 11210 电力纺咖啡色卷染机染色实例**

(1)工艺流程:

织物上卷→前处理→染色→后处理→上轴

（2）染色处方：

| | |
|---|---|
| 中性棕 RL | 3.2%（对织物质量） |
| 中性灰 2BL | 0.7%（对织物质量） |
| 普拉黄 R | 0.4%（对织物质量） |
| 平平加 O | 0.2 g/L |

（3）操作说明：

① 织物冷水上卷，于 60～65 ℃交卷水洗 2 道，再以室温酸洗（HAc 0.4～0.5 mL/L）2 道。

② 染色：织物在 50 ℃开始染色，染色 4 道后升温至 85 ℃，续染 4 道，再升温至 95～98 ℃保温染色 4 道。

③ 后处理：染色结束后，在 60 ℃水中走 1 道、冷水洗 2 道。为提高深色品种的湿处理色牢度，可在固色液中于 40 ℃下走 4 道，最后室温水洗 1 道，冷水上卷。

固色液处方：

| | |
|---|---|
| 固色剂 Y | 6.5%（对织物质量） |
| 平平加 O | 0.02 g/L |
| HAc | 0.1 mL/L |

**2. 12107 双绉藏青色绳染机染色实例**

（1）工艺流程：

配绸→进槽前处理→染色→后处理→出槽

（2）染色处方：

| | |
|---|---|
| 中性元 BL | 1.4%（对织物质量） |
| 弱酸性藏青 5R | 1.2%（对织物质量） |
| 弱酸性藏青 GR | 1.6%（对织物质量） |
| 平平加 O | 0.2 g/L |

（3）操作说明：

① 首先织物进槽后，在助剂溶液（雷米邦 A 0.5 g/L，柔软剂 33 N 0.8 g/L）中运转 10 min，使绸身柔软，润滑，渗透均匀。

② 染色：织物在 30 ℃开始染色，60 min 内升温于 95 ℃，在此温度下，染色 50 min。

③ 后处理：染色结束后，水洗三次（65 ℃、50 ℃、室温水）各 10 min，如果要提高染色牢度，可用固色剂 Y 进行固色处理。

**（三）染色中应注意的问题**

1. 中性染料染真丝织物应严格控制染液的 pH 值，否则易造成染色不匀。

2. 染色时一般不加中性盐促染，因染料易聚集而发生盐析，如要加盐促染须严格控制其用量，不能超过 10%。

3. 严格控制染色的始染温度、升温速度和染色温度，一般始染温度不宜过高，升温速度必须缓慢。

4. 为了提高染色的匀染效果，一般在染液中加入匀染剂(如平平加 O)。

## 四、活性染料染色

长期以来，蚕丝织物印染一直以弱酸性染料及部分中性染料为主，少数采用直接染料。酸性染料色泽鲜艳，但染色牢度差，特别是染中、深色时更差，为此，染后要用固色剂处理，不但工序麻烦，而且固色后色光往往变暗，手感也变差。中性染料的染色牢度虽较好，但颜色不够鲜艳。直接染料的色泽鲜艳度和染色牢度一般不够理想。为了提高蚕丝织物的鲜艳度和染色牢度，活性染料在蚕丝织物染色中的应用越来越多。

### (一) 活性染料的特点

活性染料是 20 世纪 50 年代发展起来的一类染料，能溶于水，并含有活性基团，染色时活性基能与纤维分子上的基团(如—OH、—NH$_2$—)发生反应形成共价键，使染料成为纤维大分子上的一部分，故活性染料亦称反应性染料。

活性染料色泽鲜艳，匀染性好，染色牢度优良，色谱齐全，价格便宜，应用方便，但其耐氯漂牢度差，染料贮存稳定性差。

我国生产的活性染料类型有 X 型、K 型、KN 型、M 型、KD 型和 P 型等，它们的活性基类型及固色条件如表 3-2-1 所示。

表 3-2-1　国产活性染料的活性基类型及固色条件

| 名称 | 类型 | 固色条件 | 备注 |
|---|---|---|---|
| 二氯均三嗪型 | X 型 | 弱碱性 pH＝10.5，室温 | 普通型、冷固型 |
| 乙烯砜型 | KN 型 | pH 值与 X 型相仿，60 ℃ | 热固型 |
| 一氯均三嗪型 | K 型 | 较强碱性，90 ℃以上 | 热固型 |
| 双活性基 | M 型<br>KD 型 | 与 KN 型相仿<br>与 K 型相仿 | — |
| 磷酸酯基 | P 型 | 弱酸性条件下借双氰胺催化<br>作用在高温下固着 | — |

除此以外，适用于丝绸染色的活性染料的活性基还有三氯嘧啶、二氟一氯嘧啶型，以及 α 溴代丙烯酰胺基等。

### (二) 活性染料上染蚕丝机理

蚕丝纤维耐碱性较差，而活性染料的固色需要在碱性条件下进行，工艺条件控制不当，很容易对蚕丝造成损伤。所以在生产中，活性染料染蚕丝一般采用在酸性浴中染色或中性浴染色、碱浴固色的方法，而不用碱性浴染色。

#### 1. 酸性浴染色

活性染料在酸性浴中能很好地对蚕丝纤维染色，甚至能与酸性染料同浴拼色，其染色机理一般认为与酸性染料在酸性染浴中上染蚕丝纤维的机理相同,即染料和蚕丝纤维是以离子键结合,而在弱酸性浴中染色,除离子键外,同时还有氢键、范德华力的结合。在这种情况下,活性染料酸性浴染色可看作将活性染料当作酸性染料来使用。但由于蚕丝纤维上的氨基等基团的亲核性比纤维素纤维上的羟基强,故和活性染料的亲核反应较易发生,所以,在中性浴或弱酸性浴中,蚕丝纤维也能与活性染料形成一部分的共价键结合。

$$\text{D—NH}\left\langle\begin{array}{l}\text{Cl}\\\text{Cl}\end{array}\right. + \text{H}_2\text{N—S} \longrightarrow \text{D—NH}\left\langle\begin{array}{l}\text{NH—S}\\\text{Cl}\end{array}\right.$$

### 2. 中性浴染色、碱浴固色

活性剂染料在中性浴染液中染色时,与中性浴酸性染料上染纤维机理是一样的,都是依靠染料对纤维的亲和力上染,同时蚕丝纤维上的氨基与活性染料的活性基反应可形成共价键结合。为了使染料与纤维有更多的共价键结合,提高染料固着率和染色牢度,在中性浴染色后,再在染液中加入碱剂固色。随着染液碱性的提高,染料与纤维间的固色反应逐渐加快进行。

### (三) 活性染料染色工艺

#### 1. 酸性浴染色工艺

活性染料以酸浴法染色,染后得色浓,色泽较鲜艳,但固色率较低,湿牢度较差。酸浴法很适合于真丝/人造丝提花交织物花纹留白的染色,因为中性浴或碱性浴条件都会使人造丝的花纹沾色或染色。活性染料染色时,一般采用 HAc 调节染液至弱酸性即染液 pH 值约在 4~6。此时,虽然丝纤维在等电点以上,纤维上带负电荷,与染料阴离子之间有排斥力,但染料对纤维的亲和力能克服排斥力而使染料逐步上染。加入中性盐可促染,提高活性染料的上染百分率,但中性盐加入量超过一定值时,上染率反而逐渐下降,因此需控制中性盐的加入量和加盐时间。在弱酸浴中染色时,可适当提高染色温度来提高上染率。以 80~90 ℃染色,所得结果最好,具体要视染料性能而定。

**玫瑰红闪白真丝／人造丝交织花软缎卷染机染色示例**

(1) 工艺流程:

织物上卷→前处理→染色→酸洗→水洗→皂煮→水洗→上轴

(2) 染色处方:

| | |
|---|---|
| 活性艳红 X-3B(对织物质量) | 2.5% |
| 冰醋酸 | 5 mL/L |
| 染液 | 150 L |

(3) 操作说明:

① 前处理:染前织物先经稀 HAc 溶液(2 mL/L)处理 2 道,以除去织物上残留的丝胶及可能存在的碱剂,避免产生染色不匀,然后以冷水洗 1 道。

② 染色:于 30 ℃始染,先染 4 道,接着升温至 100 ℃,在第 5、6 道分别加入一半冲淡

的 HAc 溶液促染,并使沾染在人造丝上的染料逐渐转移到真丝上,加完 HAc 后,续染 6 道,末道剪样对色。

③ 酸洗:染色结束后,放去染液,用稀 HAc 溶液(HAc 1 g/L,平平加 O 0.5 g/L)于 100 ℃处理 1 道,主要使人造丝上的沾色充分转移到真丝上。

④ 皂煮:用净洗剂 209(或 LS)1 g/L、纯碱 0.5 g/L,在 95 ℃皂煮 4 道,除去浮色,提高染色牢度。

⑤ 水洗:皂煮后,用 70 ℃、50 ℃的热水各水洗 2 道,最后,冷水上轴。

**2. 中性浴染色、碱浴固色工艺**

活性染料在酸性浴中染色的上染率虽较高,但固着率一般不高,湿牢度也较差,而在中性浴中上染在碱浴中固着的方法,可使染料键合增多,固着率较高,染后有较好的色牢度。

中性浴染色、碱浴固色采用一浴二步法,即活性染料先按直接染料或弱酸性染料的染色工艺操作,加中性电解质促染,染色后期在染液中,加入碱剂固着。染色工艺举例如下。

**绢绸玫红色卷染示例**

(1) 工艺流程:

织物上卷→前处理→染色(中性染色、碱浴固色)→水洗→皂煮→水洗→上轴

(2) 染色处方:

| | |
|---|---|
| 活性艳红 X—7B | 2.0%(对织物质量) |
| 活性青莲 X—2R | 1.2%(对织物质量) |
| 元明粉 | 60 g/L |
| 纯碱 | 2 g/L |
| 液量 | 150 L |

(3) 操作说明:

① 前处理:同酸性浴法。

② 染色:先以少量冷水将染料调成浆状,再以温水溶解,在染缸内放入 100 L 的清水,加入已溶解好的染料溶液及元明粉,在室温下开始染色,先染 6 道,在第 7 道时加入纯碱溶液,使染料与纤维充分键合,染色及固着共 12 道。

③ 皂煮:染色结束后,先用冷水冲洗 1 道,去除织物上的浮色及残留的助剂等。然后,以雷米邦 A(3 g/L)于 90～100 ℃下皂煮 4 道,充分去除浮色,以提高色牢度。

④ 水洗:皂煮后,在 100 ℃水中洗 2 道,80 ℃、70 ℃热水中各洗 1 道,最后冷水上轴。

**真丝／人造丝交织物留香绉染大红闪金绳染机染色示例**

(1) 工艺流程:

织物进槽→缝头(两匹一接)→前处理→染色→水洗、固色→水洗→出槽

（2）染色处方：

| | |
|---|---|
| 活性艳红 X—3B | 2.6%（对织物质量） |
| 直接黄 RW | 0.48%（对织物质量） |
| 元明粉 | 15%（对织物质量） |
| 209 洗涤剂 | 0.2 g/L |

（3）固色液处方：

| | |
|---|---|
| 固色剂 Y | 10%（对织物质量） |
| 冰醋酸 | 1 mL/L |
| 平平加 O | 0.1 g/L |

（4）操作说明：

① 前处理：织物进槽后，在放有清水的绳染机中走一圈，以防织物缠结，并润湿织物。

② 染色：把溶解好的助剂和染料加入绳染机中，织物自室温始染并逐步升温，在 1 h 左右升至 95 ℃，在此温度下，染 50 min 左右，再降温至 70 ℃，染一定时间，使直接染料上染人造丝，剪样对色。

③ 水洗：染毕，高温出水 1 次（95 ℃），再逐步降温出水 2 次（分别为 70 ℃和室温水），以洗除浮色。

④ 固色：用固色剂 Y 固色处理，温度为 45 ℃，处理时间 20 min，以提高染色牢度。

⑤ 水洗：最后冷水洗涤 1 次，出槽。

## 22 m/m 素绉缎金色卷染机染色实例

（1）工艺流程：

热水洗→80 ℃染色（pH 值 9～10.5、浴比 1∶3）→冷水洗→热水洗→冷水洗→酸洗→出缸

（2）工艺处方：

| | |
|---|---|
| 匀染剂 RL | 2 g/L |
| 永光活性红 LX | 0.15% |
| 永光活性黄 LX | 0.85% |
| 永光活性蓝 LX | 0.25% |
| 元明粉 | 30 g/L |
| 小苏打 | 5 g/L |
| 酸洗处方： | |
| 醋酸 | 1 g/L |

（3）助剂用途：

匀染剂 RL：增强染料扩散力，提高染料匀染性。

元明粉：促染。

小苏打：丝绸固色。

醋酸：调节 pH 值。

设备使用电脑双频常温卷染机。

（4）操作说明：

① 织物入槽：根据织物品种确定每槽的加工量，每档放置一匹织物，把织物的头尾相接。

② 前处理：织物在 80 ℃的水中运转 2 道，然后把水放掉。

③ 染色：用冷水化好匀染剂 RL，将匀染剂加入染槽，80 ℃运转 2 道，然后加入化好的染料溶液。车速 85 m/min，元明粉在第 3、4、5 道分三次加入，小苏打 2 h 后加入。80 ℃运转 3.5 h，放液。50 ℃下水洗 2 道。

④ 后处理：90 ℃水洗 2 道，80 ℃水洗 2 道，60 ℃水洗 1 道，冷水水洗 2 道。加入 1 g/L 醋酸，冷水运行 5 道后出缸。

**（四）染色中应注意的问题**

1. 活性染料系阴离子染料，故染色时可以与阴离子型或非离子型表面活性剂同浴使用，而不能与阳离子型表面活性剂同浴使用。

2. 由于活性染料容易水解，利用率较低，所以活性染料，特别是一些活性较高类别的，染色大多采用浴比较小的卷染机染色。

3. 活性染料的分子量较小，结构中都含磺酸基，所以水溶性较好，对硬水有较高的稳定性。溶解个别溶解性较差的染料时可用温水化料并适当加些尿素助溶。

4. 加入食盐促染时，可在开始染色时一次加入，因为活性染料的直接性较小，这样加入食盐不会产生色点。

5. 活性染料耐洗、耐摩擦色牢度较好，染毕要经高温皂洗，充分洗除织物表面的浮色，保证染色牢度。

6. 因为染料对纤维的亲和力较小，酸浴法染色一般加冰醋酸促染，中性浴染色一般加元明粉或食盐促染。

7. 采用绳染机染色时要选择直接性较高的活性染料。

8. 用活性染料对真丝/人造丝交织物闪白染色时，为防止沾色，染后必须充分水洗。

## 五、真丝织物染色常见疵病分析

染色质量评价指标包括色牢度、色差、匀染性和颜色鲜艳度，这些指标不合格时会表现为不同情况的染色疵病。

在真丝织物染色操作中，由于工艺条件控制不当、染色设备操作不当等原因，染色产品很容易产生疵病而降低产品等级，甚至浪费织物。所以，生产技术人员必须熟悉一些常见疵病的产生原因,采取必要措施加以克服,设法提高染色产品的质量。各种染色设备易产生的疵点、产生的原因和防止措施分析如下:

**1. 卷染机染色常见疵病分析**

(1) 搭头印。

该疵病表现为绸匹两端整幅色泽有深浅差异或有深色档。

产生的原因:导绸过短;导绸与染色物的色泽相差太大;导绸与染色物的质地不一;轴瓦过紧,张力过大;缝接处太宽太厚,卷上辊筒后受挤压。

防止方法:导绸要具有一定长度;导绸和染色物的色泽相差不能太大;导绸和染色物要质地统一;适当调节张力,一般以织物不松弛、不垂为宜;缝头不能太宽,一般在 1 cm 左右。

(2) 深浅头。

该疵病表现为绸匹两端整幅色泽有深浅。

产生的原因:导绸不清洁;高温染料染色时辊筒温度低,调头快;染液的初始浓度太高;某些染料染色时,没有加罩,水分蒸发;导绸上的染液卷上辊筒后被压出,渗入绸匹头子造成深头。

防止方法:保持导绸清洁;染色前,要预热辊筒,调头速度要慢些;染色性能不一的染料,可分开加料(注意按染料的性能依次加入染液);某些染料染色时要加罩;导绸和染色物的质地要统一。

(3) 深浅边。

该疵病表现为边口色泽与中间色泽不一。

产生的原因:织物边口不齐;染料选择不当;绷架弧度太大;织物边口与中间的 pH 值不一;织物边口与中间有温差;染色时应加罩的未加罩。

防止方法:上卷时织物边口要齐(三齐:量齐、缝齐、打齐);选择上染温度相近的染料拼色;绷架弧度不能太大;加强前处理,使整个绸面酸碱度一致;用加罩卷染机染色。

(4) 皱条。

该疵病表现为经向有直皱印。

产生的原因:缝头不平挺;打卷不够平挺、整齐;沸染时,蒸汽开得太大。

防止方法:沸染时,蒸汽不能开得太大,防止冲皱;保持绷架水平;机器经常要维修加油,保持运转均匀;做好机缸的清洁工作。

(5) 纬斜。

该疵病表现为纬向丝缕歪斜。

产生的原因:织物上卷时,手势轻重不一,运转不均匀;沸染时,蒸汽冲击太大。

防止方法:织物上卷,左右手势要均匀;染色时,机缸底部的蒸汽不能开得太大。

（6）松板印。

该疵病特点为布面呈树木锯开后年轮纹状。

产生的原因：织物上卷时，张力过大，温度过高，组织愈紧密的平纹织物和色泽愈深的织物，愈易得松板印。

防止方法：织物上卷时，张力不宜过大，宜冷水上卷。

（7）色点。

该疵病表现为绸面出现无规则的深色小点。

产生的原因：染料浓度高，没有充分溶解；电解质用量太多；阴、阳离子反应产生沉淀；染缸不清洁，没有及时清洗；染料粒子飞扬沾污坯绸。

防止方法：染料应充分溶解后方能入缸或用筛子筛过方能使用；促染剂应在中途分批加入；阴、阳离子型染料或助剂不能同浴；保持设备清洁，及时清洗；染料需溶解（或调成浆）后进车间，防止染料飞扬。

（8）色差。

该疵病特点是卷与卷之间色泽有差异。

产生的原因：工艺条件控制不一；活性染料染毕未充分去除浮色；没有严格核样；坯绸性能上的差异。

防止方法：严格控制工艺条件；活性染料染毕需充分水洗；染色中必须对所染织物进行核样，核样时光源等条件保持一致；坯绸要撕头编号做吸色试验，提前检验坯绸性能并进行分批。

（9）色花。

该疵病表现为布面色泽深浅不匀。

产生的原因：染色出水水位过小；促染剂加得太快；中途加染料或促染剂时，没有降温。

防止方法：控制好染液量，染色出水水位不能过小；促染剂一定要中途分批加入（除活性染料外），避免染料过快上染；中途加染料或促染剂，一定要先关闭蒸汽，降温后再加入。

（10）头子皱。

该疵病表现为卷轴两端和坯绸两头起皱，造成深浅不一的条皱。

产生的原因：导绸和坯绸收缩不一；织物门幅有阔窄；缝头时硬接头；导绸过硬。

防止方法：选用相同质地的导绸和坯绸；缝头要挺直整齐，阔窄门幅差异较大的，不能硬接头；避免导绸过硬，要经常泡洗；干导绸和湿导绸缝头时，要将干导绸浸湿。

（11）摩擦色牢度差。

该疵病表现为深色摩擦色牢度在三级以下，摩擦沾色严重。

产生的原因：染料选择不合理；染色道数少，水洗不清。

防止方法：染深色时应选用染料助剂，如渗透剂等；严格控制工艺条件，染色道数要足，防止表面浮色；固色前后水洗适当；适当上些柔软剂，使织物润滑。

（12）双色品种沾色。

该疵病表现为双色间相互沾污如白花不白，金花不黄。

产生的原因：高温浓盐浴长时间染色；蒸汽冲击；打卷架不光滑，速度太快；手势太重。

防止方法：染色时不剧烈沸腾，用盐量和染色时间要适当；蒸汽不能强烈冲击；打卷架要光滑、手势要轻、车速要适当。

**2. 绳染机染色常见疵病**

（1）灰伤。

该疵病特点是织物表面有微细的茸毛状。

产生的原因：染色设备内壁粗糙不光滑；坯绸进绳染机后，匹与匹之间相互堆积挤压，以致使开车起步时，坯绸之间的摩擦太大，造成擦伤；染色温度过高，时间过长；染色浴比过小，染色织物过量，织物之间长时间互相摩擦；机械开幅产生摩擦。

防止方法：染色设备内壁要光滑；坯绸要揉好进槽，以免匹与匹之间的堆积、挤压；严格控制工艺条件；染色浴比不能过小，要适当；染色后，采用手工开幅；练染液中加抗灰伤剂或丝素保护剂。

（2）皱印、拖刹印。

该疵病特点为织物的经向呈现不规则的细皱条。

产生的原因：染色织物过量，过分挤压；高温染色时间过长；染色过程中，织物缠牢打结；染色浴比过小；退浆用料太少，前处理时间太短。

防止方法：染色织物不宜过量；严格控制工艺条件；染色中及时检查运转情况，避免织物缠牢打结；染色浴比要适当；严格控制前处理工艺条件。

（3）色柳。

该疵病主要表现为经向条花。

产生的原因：拼色染料选用不合理；染色升温过快。

防止方法：选择染色性能相近似的染料拼色；染料加入后，要逐步升温。

（4）色花。

该疵病表现为色泽深浅不匀。

产生的原因：促染剂加得太快；中途加染料、促染剂时没有降温，加醋酸时没有冲淡；染色升温过快；染料加入后，未及时搅匀。

防止方法：促染剂一定要中途分批加入（除活性染料外）；中途加染料、促染剂一定要关闭蒸汽,降温后加入;染色升温不宜过快;染化料要边加边搅匀。

(5) 色点、色渍。

该疵病表现为织物表面有色泽深浅不匀的点或块状斑点。

产生的原因:染料浓度过高,电解质用量过多;染色出水不清;阴、阳离子反应产生沉淀;机械设备的清洁工作未做好;染料未充分溶解;染料粒子飞扬沾污织物。

防止方法:溶解的染料溶液倒入染槽时,桶下的沉渣(不溶物)不能加入染槽,促染剂应中途分批加入;酸性染料染色时,一定要充分水洗去除浮色后方能固色;阴、阳离子型助剂或染料不能同浴使用;做好染色设备的清洁工作;染色前确保染料充分溶解;染料称取后,须先将其溶解(或成浆)后方能出称料间。

(6) 色差。

该疵病表现为匹与匹之间有色泽差异。

产生的原因:坯绸染色性能不同;染料、助剂用量不一致;工艺操作不规范、不一致;水质、蒸汽压力、温度等条件不稳定。

防止方法:加强坯绸分档工作;严格按照染色处方配料;严格执行工艺操作规程;水质不好加软水剂,对蒸汽压力、温度等条件做好监测,勤观察,勤对样。

(7) 霉点。

该疵病特点为绸面有色泽深浅不一、光泽发暗的斑点。

产生的原因:精练待染织物放置过久。

防止方法:精练后的织物要缩短堆放时间,及时进入下道工序加工。

**3. 方形架染色常见疵病**

(1) 灰伤。

该疵病表现为织物表面有不均匀茸毛,布面发灰。

产生的原因:起吊操作次数太多,动作太快;染液沸腾冲击绸面;坯绸脱胶过度。

防止方法:起吊操作次数要适当,动作要缓和;染液沸后,略开汽保温,保持染液微沸;坯绸脱胶要适当。

(2) 刀口印。

该疵病特点为织物的纬向有深色或浅色色条。

产生的原因:起吊操作的次数太少;染料上染太快;方形架有变形。

防止方法:在不引起灰伤的前提下,增加起吊次数;选择初染率较低,匀染性较好的染料;方形架要经常平整。

(3) 色差。

该疵病表现为匹与匹之间色泽不一致。

产生的原因:在不同时间、不同光线下核对色光,产生误差;添加染化料不当。

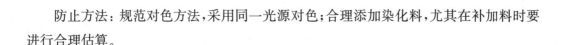

防止方法：规范对色方法，采用同一光源对色；合理添加染化料，尤其在补加料时要进行合理估算。

## 技能训练

# 实验七 真丝织物弱酸性染料染色实验

## 一、实验目的

1. 掌握弱酸性染料染色原理。

2. 学会酸性染料染色工艺操作方法。

3. 了解酸、电解质在弱酸性染料染色中的作用。

## 二、实验准备

1. 仪器设备：烧杯、搅拌棒、钢制染杯、量筒、吸量管、温度计、电子天平、广泛试纸、电热恒温水浴锅、药勺。

2. 实验药品：弱酸性染料、硫酸、醋酸。

3. 实验材料：脱胶后蚕丝织物4块，每块重1 g。

4. 染料母液制备：2 g/L。

## 三、实验原理

弱酸性染料结构较复杂，在水中电离呈阴离子状态，与纤维分子间的分子间作用力较大。染色时用酸调节 pH 值为4～6，蚕丝等电点是3.5～5.2，此时，纤维分子上带负电荷或呈电中性，染料主要以分子间氢键和范德华力上染纤维。中性电解质如元明粉的加入起到促染作用。

## 四、工艺方案（参考表3-2-2）

表3-2-2 工艺处方

| 试样编号<br>工艺处方 | 1# | 2# | 3# | 4# |
|---|---|---|---|---|
| 弱酸性染料(o.w.f.,%) | 2 | 2 | 2 | 2 |
| 冰醋酸(mL/L) | — | 2.5 | 5 | 2.5 |
| 元明粉(g/L) | — | — | — | 1.5 |
| 浴比 | 1：100 | | | |

升温工艺曲线:

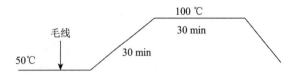

## 五、实验步骤

1. 打开水浴锅电源,设置温度为始染温度 50 ℃。将待染试样放于水浴中润湿。

2. 根据实验方案处方,分别配制 4 个染液,并放置于水浴锅中加热。

3. 用广泛试纸测定各染液的 pH 值。

4. 将事先润湿的毛织物取出,挤干水分后,分别投入 4 个染液,按照升温曲线过程进行染色。

5. 染后取出织物,水冲洗,晾干。

## 六、注意事项

1. 实验过程中,注意不时用搅拌棒搅拌,避免被染试样浮出液面,保证染色均匀。

2. 实验中,染杯可以加盖表面皿或水浴锅盖,防止染液蒸发。

## 七、实验报告(表 3-2-3)

表 3-2-3　实验结果

| 实验结果＼试样编号 | 1# | 2# | 3# | 4# |
|---|---|---|---|---|
| 贴样 | | | | |
| 结果分析 | | | | |

# 【学习成果检验】

## 一、填空题

1. 织物染色质量的评价指标主要有_____、_____和_____等。

2. 弱酸性染料染真丝绸时,温度一般控制在_____,不能沸染否则会_____;染色时加入醋酸起_____作用,为保证匀染,一般_____加入。

3. M 型活性染料属于_____类型的活性染料,其固色条件一般是_____。

4. 中性络合染料在蚕丝纤维上固着主要靠_____结合力,该类染料分子质量较_____,移染性较_____,对真丝绸染色时加入中性盐起到_____作用。

5. 活性染料酸浴法染色一般采用_____来调节 pH 值,此法用于真丝和人造丝提花交织物花纹留白的染色时,对_____纤维基本不上色。

## 二、简答题

1. 采用弱酸性染料对丝绸进行染色时,尽量不用中性盐做促染剂的原因是什么?

2. 弱酸性染料染真丝绸时,水质硬度过高会有哪些不利影响?

# 任务 3-3　丝织物的整理

【学习目标】

| 能力目标 | 知识目标 | 素质目标 |
| --- | --- | --- |
| 1. 能够说出丝织物整理的分类和目的。<br>2. 分析织物风格与整理工序的关系。 | 1. 熟悉丝织物整理的分类、方法、原理和作用。<br>2. 掌握真丝织物化学整理方法、原理、助剂。 | 尊重科学、尊重知识,尊重劳动,培养创新意识。 |

## 工作任务

某丝绸印染厂要生产一批真丝织物,客户要求这批丝绸产品具有良好的悬垂性,作为化验室工艺员,试设计合理的整理工艺。

## 知识准备

经过练、染、印加工后,蚕丝织物尺寸稳定性和表面平整度都较差,有的还会出现丝缕歪斜不正的现象,影响产品质量,因此丝织物必须经过整理后方能出厂。另外,随着人们生活水平的日益提高,对丝织品的性能要求越来越高,新型产品不断涌现,许多性能需要通过后整理加工实现。丝织物整理不仅利用物理作用,提高织物的外观质量,还包括利用化学作用,赋予织物一些特殊性质,提高织物的内在质量。

### 1. 蚕丝织物整理的目的

(1) 改善织物的外观和手感。如改善织物的光泽,提高织物表面平整度,使织物具有自然柔和的光泽,光滑柔软的手感,洁白轻盈的外观。

(2) 使织物规格化。织物在练、染、印过程中,难免受到张力的作用,使尺寸稳定性下降,门幅不齐。通过预缩、拉幅整理后,可使丝织物门幅整齐、尺寸稳定,得到规定的缩水率。特别是经过汽蒸和呢毯整理机后,可以使织物在加工时受到影响的光泽和风格得到恢复。

(3) 赋予织物一些特殊功能,提高织物的附加值。通过各种化学整理可以赋予织物抗皱、防缩、增重、防水、防静电、抗泛黄、阻燃等性能,同样,也可利用化学整理和机械整理相结合的方式如桃皮绒整理,提高真丝绸的附加值。

### 2. 蚕丝织物整理的方法

为了达到整理效果,可采用多种整理方法。整理的分类,按工艺性质可分为机械整理和化学整理;按整理效果可分暂时性整理和耐久性整理。丝织物整理主要是以机械、物理性整理为主,即利用填充剂、水分、热能、压力或机械的作用,来达到整理的目的,整理后可充分体现真丝绸所固有的优良品质。除此之外,化学整理也在不断进步并应用于丝织物,以进一步提高织物的服用性能。丝织物经整理后,要求表面平整、尺寸稳定、缩水率小、手感柔软、光泽柔和,能保持丝织物的优良品质。

## 一、丝织物的一般机械整理

蚕丝织物的
脱水和烘干

丝织物的一般机械整理主要是指脱水、烘干、拉幅(定幅)、预缩整理等。在印染企业中,脱水、烘干都是分属于练、染、印各车间的。在丝绸印染厂,脱水、烘干设备的选择与织物品种的关系密切,烘干工艺对丝织品的手感、光泽有较大的影响,且烘干往往与熨烫、柔软整理等同时进行,一机多用。因此,丝绸印染厂将脱水、烘干划归整理车间管理。

### (一) 脱水

水洗后的织物上带有大量水分。脱水主要是去除织物上机械蓄留的水分和毛细管孔隙中的水分(即自由水)。可采用轧水、离心脱水和真空吸水等方法进行。

**1. 轧水**

轧水是让织物通过一对软、硬轧辊组成的轧点,轧去织物中多余的水分,而达到去水又不损伤绸面的目的,适宜于缎类等不耐折皱的织物。真丝织物的轧水通常是和打卷连在一起的。

轧水机主要是由一长方形不锈钢槽、一对轧液辊和几根小导辊、扩幅辊、打卷辊等组成。织物先放在盛有清水的长方形槽内,然后通过几根小导辊,同时进行拉幅,使织物平整地进入轧液辊,轧去水分后,再通过扩幅辊进行打卷。

轧水时织物缝头边要对齐,缝头两端要缝来回线,线缝要平直,织物表面要平整,以免产生头皱。操作工在操作时,需将织物拉开并轻轻往前送,同时注意防止纬斜。

**2. 离心脱水**

离心脱水是利用高速旋转时产生的离心力将织物上的水甩去。操作离心脱水机时,织物要均匀堆放在转笼的四周,织物纬向平折,不能对折,要放平,不能装布过量。一般适用于乔其、双绉及提花类织物的脱水。

**3. 真空吸水**

吸水器内抽真空,当织物通过吸水器的吸水缝时,织物上的自由水被抽吸掉。在丝绸染整厂,真空吸水装置往往设在烘干机的前部。对一些不耐轧,又不能皱折的湿织物,如斜纹绸、电力纺等,适宜用真空吸水机脱水。

### (二) 烘干

脱水后,织物上仍含有被纤维吸附的结合水,必须通过烘干,借热能汽化的方式加以去除。染整生产过程中所用的烘干设备,根据供给被烘织物蒸发水分所需热能的传递方式不同,可分为烘筒烘干机、热风烘干机和红外线烘干机三种。真丝织物比较娇嫩,不能承受过大的张力,烘燥不宜过急、过度。目前丝绸染整厂常用烘筒烘干机和热风烘干机两类。

**1. 烘筒烘干机**

丝绸染整厂最普遍使用的烘干设备是单滚筒烘干机,结构如图 3-3-1 所示。它是靠一只内通蒸汽的金属辊筒(铁或不锈钢制)来烘干织物的。由于织物直接接触经蒸汽加热的金属滚筒,并受上压辊的压力作用,所以织物在烘干的同时,也达到了熨平的目的。有些厂把单滚筒整理机称为平光机。在该机前后部位都安装有伸缩板式扩幅辊,扩幅力较大,而且织物越潮湿,经向拉得越紧,扩幅力也越大,可使织物平整无皱地烘干并进行打卷,也起到拉幅定型作用。应用时可在机前加装真空吸水机,提高烘燥效率。

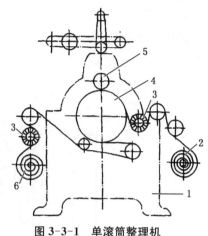

**图 3-3-1 单滚筒整理机**
1—机架 2—进布卷 3—伸缩板扩幅器
4—烘燥滚筒 5—上压辊 6—出布卷

单滚筒整理机结构简单,使用方便,占地面积小,所加工的织物平挺光滑。主要适用于电力纺、洋纺等薄型织物。缺点是紧式加工,产品手感发硬,并易产生极光,有时一次烘不平,需再烘 1~2 次。为此,很多丝绸染整厂,将一台真空吸水机加上两台单滚筒烘干机和一台小呢毯整理机,组成"三合一"呢毯整理机。目的是提高效率,可以一次烘干,改善成品的手感和光泽。唯有紧式加工没有大的改善。"三合一"呢毯整理机广泛用于电力纺、双绉、花绉缎、素绉缎、和服绸等较厚织物的烘干整理。烘筒蒸汽压力为 0.2~0.3 MPa,车速为 25 m/min。

**2. 热风烘干机**

热风烘干机是借热空气传热给被烘织物以去除水分。所以在干燥过程中,空气除带走被干燥织物的水分外,还必须供给使织物水分汽化所需的热量。因此,需先将空气经加热器加热,然后把热空气送入烘房内加热织物。根据织物在烘房内的状态不同,热风烘干机有悬挂式、针铗链式、圆网式、气垫式等多种形式。现就丝绸染整厂常用的悬挂式和气垫式热风烘干机作简单介绍。

(1)悬挂式热风烘干机。如国产 Q241 型,就是专为丝绸烘干设计的,结构如图 3-3-2 所示。其外形为一高大的长方体,四周用石棉及铁板隔热保温,机身的一边有 4 只直立式鼓风机,热风从机顶吹入,下方为一排挂绸用的耐高温的导布辊。织物从机前上方进入烘房时,由于其本身与导辊循环链之间有速度差,借助织物自重和吹风口的风力,自动地在相邻两导布辊间形成一定长度的布环而悬挂在导布辊上,并随循环链缓缓地向烘房出口处移动。布环的长度约 1.5~2 m,属于长环悬挂式热风烘干机。热风循环路线为自上而下,然后自烘房下方吸出,经蒸汽加热器循环使用。因为在烘干过程中,织物是自然悬挂在导布辊上的,所以织物所受张力很小。特别适宜于表面有凹凸形花纹及绉类织物烘干使用,但烘干后的织物不够平挺,需进一步熨平。除长环悬挂式之外,还有短环悬挂式热风烘干机。它们的区别主要是短环式热风烘干机中的织物由缓缓自转的导辊托着运行,在两辊之间织物呈悬垂状。另外热风往往是通过上下风道的喷嘴向织物对吹。不过上风道的风速要稍大于下风道的风速。利用上下热风风速形成的压力差,防止织物吹乱和保持短环的悬垂稳定性。为了提高烘房内织物的容布量,短环式热风烘干机往往是双层、三层或五层的。

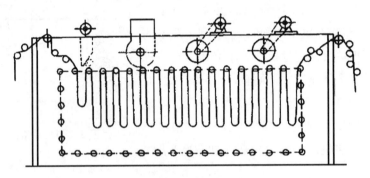

图 3-3-2 Q241 型悬挂式热风烘干机

(2)圆网烘干机。该机也是一种松式热风烘干机。织物平摊无张力地进入烘房,包绕在圆网上通过。利用离心式风机的抽吸作用,使热风透过织物间隙循环。其结构如图3-3-3 所示。此机烘干效率高,绸面平,适应性强,适用于绉类及花纹织物的烘干。

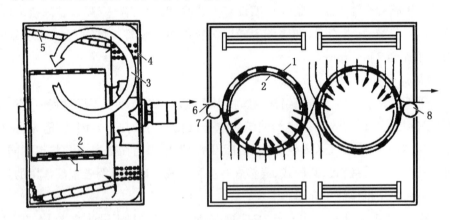

图 3-3-3 圆网烘干机

1—圆网 2—密封板 3—离心风机 4—加热器 5—导流板 6—织物 7—喂入辊 8—输出辊

(3)松式无张力气垫式烘燥机。

国产的有 ZMD421 型,见图 3-3-4(a),主要由进布装置、烘房、热风循环系统、输送网、落布装置等部分组成。平幅织物由进布架引入,经喂布辊平摊在输送网上,进布机架上设有旋钮可调整喂布量,使织物完全达到松式进布。输送网载着织物进入烘房。热风房内有热风循环系统,错位式排列的上下风嘴均固定在稳压箱上,使喷出的热风较均匀。

上风嘴喷出较强的热风,将织物压到输送网上;下喷嘴喷出的热风又将松弛的织物托离输送网,使受烘织物在气垫中呈波浪状向前行进。喷嘴喷风见图 3-3-4(b),然后由落布机构将织物引离设备。

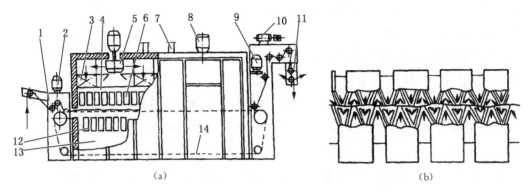

图 3-3-4    ZMD 421 型气垫式烘燥机

1—进绸机架  2—进绸电动机  3—加热器  4—上稳压箱  5—循环风机  6—上风嘴  7—排气口  8—风机电动机
9—输送网电动机  10—出绸电动机  11—出绸装置  12—下风嘴  13—下稳压器  14—输送网

烘干工艺:织物在烘燥过程中呈松式状态,且不断受到热风的搓揉作用,应力得到松弛。用气垫烘燥机烘燥后的织物手感丰满、柔软,缩水率小,尺寸稳定。

① 工艺流程:

平幅落布→超喂→烘燥→平幅进布

② 工艺条件:

| | |
|---|---|
| 车速 | 15～35 m/min |
| 超喂 | 5%～6% |
| 温度 | 100～110 ℃ |
| 风速调节角 | 30°～90° |

车速、风量根据织物的含湿量、组织规格、后道工序要求确定,超喂量要根据织物在烘房内形成的波浪加以适当控制,温度要根据织物的厚度确定。

## (三) 拉幅

丝织物在染整加工过程中,受到许多机械作用,往往引起织物经向伸长、纬向收缩、幅宽不均匀,有的还会出现纬斜现象。拉幅(定幅)整理是利用纤维在湿、热状态下的可塑性,将织物用机械作用力缓缓拉宽至规定的尺寸,同时调整经、纬线在织物中的状态,从而得到规格整齐、门幅稳定的织物。拉幅机有普通布铗拉幅机、布铗热风拉幅机、针板热风拉幅机及布铗、针板链热风拉幅定型两用机。

### 1. 普通布铗拉幅机

普通布铗拉幅机是织物在干燥状态下通过吸边器进入布铗的拉幅机。进绸部分的布铗门幅较窄,待布铗将绸边咬住后,再慢慢将门幅拉开至规定尺寸。加工过程中,织物上的含湿量是通过直接蒸汽或喷雾机构给湿,待门幅拉至最大后,通过安装在织物下方的间接蒸汽散热管将织物烘干,落布前布铗门幅要求放松,以便于脱铗落绸。

普通布铗拉幅机结构虽简单,但烘干效果不好,一般适用于干拉或含湿率很小的织物拉幅。常和单滚筒烘燥机及松式烘燥设备联用。

**2. 布铗热风拉幅机**

布铗热风拉幅机分拉幅和烘干两大部分,拉幅机构主要由布铗链、链轨和调幅机构以及开铗装置等组成;烘干在热烘房内进行。

织物由进布架引入,经给湿装置给湿后进入布铗,随着布铗链向前运行时,逐渐拉开门幅,进入热风房。织物的烘干是靠织物上下两面的热风喷嘴向织物表面喷吹热风来完成的。热风是由冷空气经循环风机和加热器加热后,由主风道及支风管分送至喷风口。烘房中含湿量较高的部分废气由烘房前端的排出口送出室外。烘房后部比较干燥的废气,经管道和新鲜空气一并经加热器加热后再循环使用,这样可降低能耗。

织物在热风拉幅机上拉幅,门幅不宜拉得过度,否则落水后易收缩,并易将织物拉破。一般门幅控制在成品所需要求。烘房温度为 $100\sim120\ ℃$。

**3. 针板热风拉幅机**

针板热风拉幅机的机械结构基本同于布铗热风拉幅机,它们的最大区别是以针板代替了布铗。进布口针板的上方装有转动的毛刷辊,由它将织物的边压刺到针板的钢针上,织物随针链移动前进,使幅度伸展。到出布口时,由装在织物下方的毛刷辊把织物从钢针上顶下,而针板则循着轨道由下方回机前继续工作。另外,该机还增设有超喂装置,在拉幅过程中减少了经纱张力,有利于扩幅。实质上还起到了预缩作用。超喂率要根据门幅拉幅的大小和缩水率要求确定。

**4. 针、铗链拉幅定型两用机**

该机将布铗和针板集于一机,可根据加工织物的情况而选择使用。热风房内的温度也可根据需要进行调节。

**(四) 机械防缩整理**

丝织物在染整加工过程中,由于受到较大的拉伸作用,经洗涤后会发生一定的收缩,织物收缩的百分率叫缩水率。真丝绸染整成品的缩水率一般要求在5%以下。

**1. 织物产生缩水的原因**

(1) 在染整加工中,织物受到拉伸而伸长,经烘燥后冷却,形态被暂时固定下来,纤维内存在内应力。织物润湿后,在内应力的作用下产生收缩。

(2) 织物织缩的改变是引起织物缩水的主要原因。纤维润湿后发生膨化,大多数纤维的膨化是各向异性的,即一般直径膨化程度比长度方向大。织物织造时,经、纬纱是互相弯曲交错的。当经(纬)纱润湿后,经(纬)纱吸水膨化变粗,但经(纬)纱长度增加不多,要保持经(纬)纱原有的弯曲程度,只有通过减小纬(经)纱间的距离,使织物缩短。

（3）织物组织结构、所用原材料的性质等因素，与织物缩水有很大关系。

**2. 防缩整理设备**

针对织物产生缩水的原因和丝织物的特点，丝绸印染厂降低缩水率的措施主要是在练、染、印、整各工序加工过程中尽量采用张力小或无张力的设备，减小织物伸长。另外，采用机械预缩的方法，改善织物中经向纱线的织缩状态，使织物的纬密和经向织缩增加到一定程度，使织物具有松弛的结构。即丝织物在成品出厂前，让其原来存在的潜在收缩，预先收缩回去。预缩方式如可将织物落水或给湿，让它在湿热状态下回缩，然后再松式烘干，目前采用的针铗超喂拉幅烘干机和松式气垫式烘干机就是这种预缩方式。对于缩水率要求较高的织物，还可采用橡胶毯或呢毯预缩机、汽熨整理机（即蒸绸机）和汽蒸预缩机等几种。

（1）橡胶毯和呢毯预缩机。

该机利用可压缩弹性物体（橡胶、呢毯）的机械作用，在一定的温、湿度和压力条件下，使织物经纱收缩，达到消除织物潜在收缩的目的。图 3-3-5 为 SFQ5 型织物预缩机示意图。

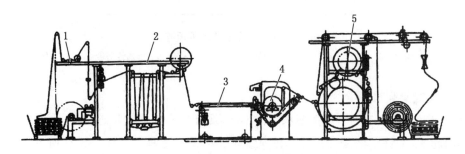

**图 3-3-5 SFQ5 型织物预缩机**
1—进绸架 2—给湿装置 3—小布辊 4—橡毯 5—落绸装置

从预缩效果来看，橡胶毯预缩比呢毯效果要好，但用在真丝绸上，质量不易控制，故应用较少。呢毯预缩机预缩作用较小，但成品光泽柔和，手感丰满而富有弹性，对改进成品外观质量效果更为显著，为丝绸染整厂广泛采用，称为呢毯整理。

（2）平幅连续汽蒸预缩机。

丝绸的汽熨整理，也称蒸绸。它是利用蚕丝等蛋白质纤维在湿热条件下定型的原理，使织物表面平整，形态尺寸稳定，降低织物的缩水率，并能获得柔软而富有弹性的手感，光泽自然。蒸绸设备有间歇蒸绸机和连续蒸绸机两种，前者多借用毛织物蒸呢机。设备结构参考毛织物蒸呢设备有关部分的介绍。

采用平幅连续汽蒸预缩机、连续蒸呢机联合处理真丝织物，可使织物缩水率大大降低，同时克服使用机械超喂整理出现的木耳边、鱼鳞皱等疵病，消除由于机械张力而存在的内应力，避免织物表面的极光，保持真丝绸原本的柔和光泽和丰满、厚实柔软的手感。

平幅连续汽蒸预缩机结构示意图,如图3-3-6所示,它由超喂辊、织物输送带、蒸汽给湿区、烘燥区、冷却区等几部分组成。由于超喂率较大,丝织物在输送带上呈波纹状,随输送带向前移动。进入蒸汽给湿区后,织物上下方有强烈抽吸作用的饱和蒸汽喷向织物,蒸汽能渗入到织物内部,使织物吸湿膨化,改善经(纬)向纱线间的织缩状态,汽蒸效果好。输送带下方装有振动辊,振动辊不断转动,周期性地敲打输送带,使织物随之振动,并不断变换位置,产生松弛收缩。当织物离开汽蒸松弛区后,织物能被迅速排气冷却,定型以保持尺寸稳定性。该机的汽蒸区通道体积小(长约1.5 m,外壳高约15 cm),因此耗汽量不大,汽蒸区顶部装有蒸汽再加热室,由于顶部温度较高,避免冷凝水滴的形成。汽蒸预缩机的工艺条件为:蒸汽压力392 kPa(4 kgf/cm$^2$),车速20 m/min,超喂5%～6%。

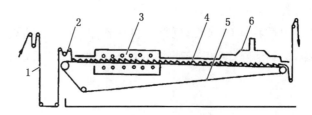

**图3-3-6 平幅连续汽蒸预缩机**

1—织物 2—超喂调节辊 3—蒸汽区给湿区 4—烘燥区 5—松弛传送带 6—冷却区

(3) 连续蒸呢机。

丝织物经汽蒸收缩后,虽然缩水率很小,丝纤维呈蓬松柔软状态,但还存在发纰的感觉,绸面起皱,不够平整、挺括,所以必须经连续蒸呢机处理。如图3-3-7所示。该机进绸处有超喂装置,并配有高效冷却、汽蒸系统,有导向、张力和校直包布的控制装置,操作方便,织物冷却效果好,可在出绸处立即打卷,加工薄、中、厚各种类型的织物均可。呢毯辊筒压力294 kPa,车速20 m/min(与汽蒸收缩机同步)。

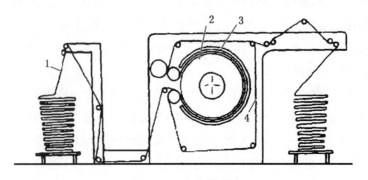

**图3-3-7 连续蒸呢机**

1—织物 2—蒸呢辊 3—全幅无缝毛毡套筒 4—全幅无缝包布

除物理机械防缩方法之外,还可采用化学防缩法。

## 二、丝织物的化学整理

真丝绸织物本身比较柔软、光泽好、吸湿性好,穿着舒适,一般只进行机械整理即可达到实用要求。化学整理目前在丝绸上应用不多,但真丝绸存在易起皱、发毛、泛黄等问题,需要用化学整理的方法加以克服。随着人们生活水平的提高,对丝织物也提出了一些新的要求如抗菌、阻燃等,因此真丝绸化学整理的目的,就在于与机械整理相结合,扬长避短,提高真丝绸的实用性和功能性,赋予真丝绸新的外观和特性,提高真丝绸的附加值。下面主要介绍真丝绸化学整理的基本方法和原理:

### (一)柔软整理

真丝绸本身比较柔软,但在练、染、印等各道工艺加工后,手感往往变得僵硬和粗糙,所以仍需用机械或化学柔软整理加以改善。

机械柔软是利用机械的方法,在张力作用下将织物多次揉曲、屈弯,破坏织物的硬挺性,使织物恢复至适当的柔软度。柔绸机有螺旋式和钮扣式两种。另外,使用超喂拉幅整理、呢毯整理以及汽蒸预缩机整理,对改善织物的手感都也能起到一定的作用。

化学柔软整理主要是利用柔软剂减少织物纱线间、纤维间的摩擦力,减少织物与人体间的摩擦力,借以提高织物的柔软度。真丝织物使用的柔软剂主要有非有机硅和有机硅两类。非有机硅类的柔软剂大都为具有长链脂肪烃的化合物,常用的有反应型的柔软剂VS、两性型柔软剂D3和非离子型柔软剂33N等。有机硅类柔软剂有柔软剂NTF—3、柔软剂IM、202含氢甲基硅油乳液和821硅油乳液等。真丝织物进行柔软整理时,先浸轧柔软整理液,然后在一定温度条件下进行拉幅烘干。

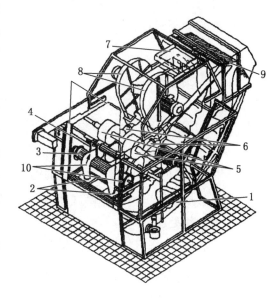

意大利的AIRO1000柔软整理机,又称气流式织物整理机,如图3-3-8所示。该设备可进行一般机械柔软整理,也可进行化学柔软整理。该机由处理槽、水平导绸框架、垂直导绸翼、主滚筒、进绸口、文丘里管、栅格、热交换器、鼓风机、过滤系统、液压系统、出绸辊的防护玻璃门等组成。其柔软整理的原理:织物以绳状方式,以干态或湿态由高速空气流引入文丘里管进口端,接着强大的气流驱动织物以极高的速度在管内运行。当织物运行到文丘里管出口时,因压力骤减,空间骤增,使织物松

**图 3-3-8  AIRO 1000 型柔软整理机结构**
1—处理槽  2—水平导布框架  3—叶型导布辊
4—垂直导布翼  5—大导布辊  6—文丘里管
7—热交换器  8—鼓风机  9—栅格  10—织物

开扩幅,并迅速甩打在机器后部的不锈钢栅格上。接着滑落到处理槽内,并继续向处理槽的前方滑动。在此过程中,由于气流和织物、织物和管壁、织物与织物、织物和栅格、织物和助剂间的物理摩擦、搓揉、拍打及化学作用,消除了织物在纺、织、印过程中的内应力,使织物组织蓬松、纤维蠕动,微纤起茸,最终使织物获得柔软蓬松的手感。整理过程中常见的疵病如皱印、白条、砂洗痕、污渍等基本消除。

丝织物化学柔软整理工艺举例:

(1) 工艺流程:

浸轧→烘干(120～130 ℃)→拉幅定型(100～110 ℃)。车速 30～35 m/min。

(2) 工艺处方:

| | |
|---|---|
| 柔软剂 A | 100 g/L |
| 柔软剂 B | 25 g/L |

**(二) 硬挺整理**

为了使丝织物具有身骨和弹性,使手感丰满而厚实,往往在使用柔软剂对丝织品整理的同时,也使用一些硬挺剂,以达到"软而不疲"的效果。

丝织物使用的硬挺整理剂常为热塑性树脂乳液或者是黏合剂及交联剂。常用的硬挺剂有聚醋酸乙烯乳液、聚乙烯乳液、聚丙烯酸酯与聚丙烯腈共聚物乳液、聚氨酯类等。它们都是不溶于水的高分子化合物。将其制成乳液来浸轧织物,经过一定温度烘干后,便成为不溶于水的树脂微粒固着在织物上,具有良好的耐洗性。随着使用树脂的性能不同,织物手感有很大变化,在某些情况下,织物的强力和耐磨性也有所提高。整理工艺为浸轧处理液,烘干即可。

**(三) 增重整理**

蚕丝织物经脱胶后失重 20%～25%。为了弥补这些失去的质量,改善真丝织物的抗皱性、悬垂性,可通过化学填充的方法即增重整理来实现。目前,增重整理主要用于真丝领带和妇女用高级上衣等厚织物。通过增重不仅可以弥补质量损失,还能使手感丰满,赋予织物洗可穿性能。增重方法有锡增重、丹宁增重、丝素溶液增重和合成树脂增重等。国内外使用较多的,仍旧是历史悠久的锡增重。其整理方法简述如下。

锡增重用氯化锡($SnCl_4$)进行,由以下四道工序构成:

**1. 氯化锡处理**

使氯化锡为蚕丝纤维所吸附、扩散、渗入纤维内部,并产生一定程度的水解。

$$SnCl_4 + 4H_2O \longrightarrow Sn(OH)_4 + 4HCl$$

**2. 磷酸盐处理**

目的是使蚕丝吸附的氯化锡固着。

$$Sn(OH)_4 + Na_2HPO_4 \longrightarrow Sn(OH)_2HPO_4 + 2NaOH$$

上述两道工序根据增加质量的要求,可反复进行几次。

**3. 硅酸盐处理**

目的是使锡增重物稳定化。

$$Sn(OH)_2HPO_4 + Na_2SiO_3 \Longrightarrow Sn(SiO_2)HPO_4 + 2NaOH$$

**4. 皂洗**

目的是去除未反应的物质。

工艺流程及条件:

$SnCl_4 \cdot 5H_2O$ 处理(375 g/L,30 ℃,30 min)→冷水洗→$NaHPO_4 \cdot 12H_2O$ 处理(50 g/L,60 ℃,20 min)→冷水洗→重复上述工艺→泡化碱处理(100 g/L,60 ℃,15 min)→冷水洗→皂洗(1 g/L 皂片 + $Na_2CO_3$ 1 g/L,80 ℃,15 min)→冷水洗→烘干

丝织物经上述锡增重一次处理后,增重率达 19%～20%,若重复一次,增重率可达 40%左右。对绞丝增重,同样也能达到上述要求。增重后的织物,成品挺括,手感丰满,悬垂性有所提高。但染料的上染百分率有所下降,织物色光偏暗,强力有所下降,且对光敏感,容易加速脆损,所以要避免增重过度。

**(四) 砂洗整理**

真丝绸砂洗整理也称为桃皮绒整理。砂洗整理是将处于松弛状态下织物使用化学助剂处理,使丝素膨化而疏松,再借助机械作用使织物与织物、织物与机械之间产生轻微的均匀摩擦,使丝素外层包覆着的微纤松散而挺起,产生细密的绒毛,从而使织物手感松软、柔顺、肥厚,光泽柔和,悬垂性及抗皱性能大大提高。目前,砂洗整理在真丝绸行业中的应用广泛。

**1. 砂洗整理工艺**

(1)工艺流程。砂洗一般流程:首先将染色、印花绸或服装制品装入稍大一些的砂洗袋内,然后放入配有化学助剂的砂洗机中,进行砂洗膨化→脱水→水洗→(中和)→上柔软剂,再经烘干→开幅→码尺→检验→成品装箱、装盒。

(2)砂洗效果影响因素。织物砂洗效果与纤维膨化程度关系密切,其影响因素有膨化剂用量、膨化温度和时间,除此以外砂洗效果与织物捻度、交织点密度和交织紧密度等有关。适用于真丝绸砂洗用的膨化剂主要有碱剂、酸类以及醋酸锌、氯化钙等,最常见的是由碳酸钠、碳酸氢钠等碱剂和表面活性剂组成的砂洗浴。膨化剂用量一般采用 10～50 g/L 为宜,具体用量要根据织物种类、厚薄以及对砂洗要求来决定,用量不宜过多,否则会影响织物强度,也不宜过少而影响砂洗效果。

温度和时间对膨化程度也有影响,一般情况下温度控制在 45～65 ℃,对轻薄织物轻度砂洗,一般控制在 15～30 min,对厚重织物砂洗时间可适当增加,温度也可适当提高,有的还可预先浸泡。砂洗染色、印花产品时,应考虑砂洗过程的"剥色"作用,因此对砂洗温度和时间要综合掌握。另外,砂洗时要对设备的运转情况(即坯绸的运动、摩擦)密切

注意,揉力要轻且摩擦均匀。

砂洗(膨化)后的织物要经过充分水洗,使织物保持中性,必要时可用酸或碱中和,之后再进行必要的柔软处理和烘干(包括烘干后继续打冷风,工厂又叫冷砂)。因为只有在柔软剂的作用下,借助烘干机的搓揉、拍打和烘干后的打冷风,才能使膨化后已裸露于织物表面的绒毛挺立,手感变得丰满、柔和,飘逸感强。目前常用的柔软剂有 SapamineOC、日产柔软剂 33N、国产柔软剂 DF4 及柔软剂 D3 等。柔软处理温度 35 ℃左右,时间 20 min。

**2. 砂洗设备**

砂洗设备包括用来进行膨化、砂洗和柔软处理的设备,各厂不一。有绳状水洗机、溢流喷射染色机、转鼓式水洗机以及专用砂洗机等,应用较普遍的是工业洗衣机。脱水可用离心脱水机。烘干大多采用转笼式烘干机,它是利用蒸汽或电加热散热器散发的热量,通过风机产生热循环,转笼内有三条肋板,可将织物抬起和下落,织物在转笼内产生逆向翻滚,使织物与织物相互摩擦,从而使织物膨松柔软。烘干时,温度逐渐上升,最高不超过 80 ℃,烘干后应继续冷磨约 60 min。出笼后应立即开幅、码尺、检验和包装。

各种组织结构的真丝织物都可进行砂洗整理,但经、纬线均为无捻长丝的电力纺和斜纹绸较其他织物如双绉、素绉缎,容易产生"起毛"效果,且织物表面性能的提高也较明显。另外,染色绸比练白绸的砂洗效果好。

**(五) 拒水整理**

近年来,国际市场上开始流行真丝绸拒水整理的新面料,国内将拒水整理和砂洗整理相结合加工,整理后真丝绸集砂洗和拒水效果于一体,具有手感丰满、柔软、悬垂性好、不易折皱、具有洗可穿的特点,这是国内真丝绸拒水整理的重大新进展。

**1. 拒水原理**

拒水和防水虽有共同之处,但却有质的区别。经防水整理的织物基本上不透水,也不透气,而拒水整理则只是使疏水性物质吸附或沉积在纤维上,但不充塞经纬纱之间的空隙,故经处理过的丝绸可透过空气和水汽,会在蚕丝纤维表面上生成一层拒水性薄膜,产生拒水效应。

**2. 拒水剂**

丝织物拒水整理常用的拒水剂有防水剂 CR、氟系拒水剂 GA、有机硅型拒水剂等。有机硅型拒水剂应用最广。有机硅型拒水剂是以硅氧链为骨架,有甲基或乙基等非极性基团为拒水基,而以氢或羟基等为反应基,能与纤维结合或吸附在纤维表面。若与适当的交联剂和催化剂(如醋酸锌、锆盐)拼用,线性有机硅分子可形成网状结构,可提高耐洗性。经有机硅型拒水剂整理的真丝绸除有显著的防水效果外,手感柔软、滑爽、耐水洗、干洗、耐磨性、缝纫性显著改善,且耐日晒、夜露和微生物侵蚀。

**3. 拒水整理流程**

真丝绸拒水整理和砂洗整理结合加工的整理工艺流程：

精练→染色→砂洗柔软→二浸二轧拒水剂（轧液率 75%）→烘干（105～110 ℃，5 min）→高温焙烘（160 ℃，4～5 min）→码尺→成品出厂

## （六）防皱整理

真丝织物通常有三大缺点，即易泛黄、起皱、易擦毛。在当今具有良好性能的新纤维不断被开发和研制的同时，真丝绸的防皱整理也越来越被人们重视。

防皱整理是用防皱整理剂赋予真丝绸一定的抗皱性。作为真丝绸抗皱整理剂，纤维反应型树脂 N-羟甲基化合物是有效的，它能改善真丝绸的抗皱性和防缩性。通常真丝绸用合成树脂的防皱整理方法：真丝绸浸轧树脂液→60～90 ℃烘燥 5～10 min→120～130 ℃焙烘 5～10 min→皂洗或碱洗。常用树脂整理剂有缩合型树脂（硫脲-甲醛树脂、三聚氰胺甲醛树脂等）、纤维反应型交联剂（二羟甲基乙烯脲 DMEU、二羟甲基二羟基乙烯脲 DMHEU 等）。但 N—羟甲基型树脂在贮放和服用洗涤过程中，容易产生游离甲醛，严重的会影响人们的身体健康。目前，国际上已对纺织品所含甲醛量做了限制或禁用的规定。国内外学者研究并开发出一批低甲醛或无甲醛的树脂整理剂，如水溶性聚氨酯、有机硅系树脂、环氧化合物、多元羧酸类无甲醛整理剂（柠檬酸、1，2，3，4—丁烷四羧酸）等。对于 N—羟甲基型树脂，可利用甲醛的捕集剂（尿素、聚丙烯酰胺、碳酰肼等含有氨基的化合物）混合到整理液中或进行醚化改性，如用甲醇或多元醇醚化的 2D 树脂进行整理，从而降低织物上甲醛的释放量。

## （七）防泛黄整理

真丝绸泛黄老化是指真丝绸受日光、化学品、湿、热等环境的影响而产生的强力显著下降和表面光泽泛黄的现象。

**1. 真丝绸泛黄老化的原因**

（1）紫外线光照作用，使丝纤维的氨基酸，尤其是色氨酸、酪氨酸残基发生光氧化作用而变成有色物质，导致纤维强力下降。

（2）温湿度效应。丝织物在 40% 以上的湿态下长期保管，会显著促进泛黄。

（3）真丝绸练后残存的蜡质有机物、无机物和色素等杂质都可能引起真丝绸泛黄老化。

（4）空气中的氧、大气中的各种污染气体 $NO_x$、$SO_2$ 等，对真丝绸泛黄老化起加速作用。引起真丝绸泛黄老化的原因是错综复杂的，要防止真丝绸泛黄老化，应采取综合措施。

**2. 真丝绸泛黄老化的防止措施**

（1）在染整加工方面。要求真丝绸精练时，使用质量良好的精练剂和煮练助剂，精练的浴比及精练助剂的用量应适宜，并需有充分时间进行前、后处理。精练操作要标准化。

对经泡丝并在织造时上蜡的真丝绸,在用皂碱法精练前,要浸在含有乳化分散剂等表面活性剂的冷水和温水中作前处理。后处理水洗要充分,使真丝绸上不残留精练残渣。为了除去精练残渣,水洗温度宜为 30 ℃ 左右。在染整加工中,不用易于引起真丝绸泛黄的那些荧光增白剂、柔软剂和树脂。经常对成品进行耐光试验。

(2) 在练白绸运送和储存方面。真丝绸成品宜采用不透气的密封形式包装,并且要避免使用含有泛黄物质的包装材料。在仓库装卸货物时,要避免卡车向仓库内排气;在储藏时,要避免与含有泛黄物质的塑料薄膜、硬纸、橡皮带、搁板和纸等相接触。商店在陈列真丝绸产品时,要尽量避免真丝绸受外界有可能导致泛黄的因素作用。无论仓库还是商店的陈列柜都要保持干燥。勿直接使真丝绸裸露曝晒过久,勿使真丝绸的表面积尘过多。制线时所用络筒油及制作服装时衬衣的衣领、袖口等处所用黏合剂,都不宜含有易引起泛黄的物质。

(3) 消费过程。真丝绸服装在穿着时,要勤换勤洗,洗涤要充分,洗后出水要清,宜晾干,不得长时间在日光下曝晒,洒过香水的真丝绸服装在保管时,必须将香水散发去除。存放真丝绸服装的家具和容器,温度要低,温湿度变化要小,必须选择避免直射日光、通风良好的场所。白色真丝绸服装存放时,接触精萘丸会泛黄,须用纸隔开。存放真丝绸服装的容器不宜靠近家庭中取暖和做饭菜的炉子。真丝绸服装在悬挂时,宜尽量放在暗处,哪怕在弱的人工光线下,还要避免在同一位置上长时间地静置。

(4) 化学整理剂对真丝绸织物进行处理。目前研究较多、效果较好的方法,有:①用紫外线吸收剂处理真丝绸。可用于蚕丝防泛黄加工的有苯并三唑系和二苯甲酮系以及水杨酸苯酯系等紫外线吸收剂。整理剂浓度一般为 0.2%~1%(o. w. f.),可在染浴中采用浸渍的方法整理到织物上。②对真丝绸进行树脂整理或接枝共聚整理,也能对防泛黄性有一定程度的改善,不过对树脂的选择和焙烘条件的确定要十分注意。根据实践经验,采用硫脲-甲醛树脂、二羟甲基乙烯脲树脂和含羟基的氨基甲酸酯树脂以及用环氧化合物接枝共聚等加工真丝绸都具有显著的防泛黄效果。需要注意的是真丝织物的焙烘条件不能过分激烈。

现举一例,是上述两种方法结合的防泛黄整理。白色真丝绸电力纺于常温下浸渍含羟基的氨基甲酸酯树脂溶液(树脂:水 = 1:4~6),催化剂是有机胺(树脂:催化剂 = 1:0.5),浸渍 20 min 后离心脱水(含液率为 100%),60 ℃ 预烘 20 min,再 130 ℃ 热处理 20 min。然后用 1% 的紫外线吸收剂(2-羟基-4-正辛氰基二苯甲酮)溶液常温、密闭状态下浸渍 2 h(浴比 1:50)后轻度脱液、烘干(30 ℃,24 h)。结果表明,由于发挥协同效应,防泛黄效果显著。

### (八)玻尿酸保湿护肤整理

目前市场上有许多新型舒适面料,有的增加了保健、抗菌、护肤等功效。玻尿酸是常用的护肤保湿成分,将其整理到丝绸织物上,可以赋予织物护肤功效,参考整理工艺如下：

处方：玻尿酸整理剂                    50 g/L

工艺流程：浸轧→烘干（120～130 ℃）→拉幅定型（100～110 ℃）。车速 30～35 m/min。

## 【学习成果检验】

### 一、填空题

1. 丝织物整理的目的包括改善外观和手感，使织物_____，以及赋予织物一些特殊性能，提高_____值。

2. 丝织物的一般机械整理主要有脱水、烘干、_____和_____等。脱水方式包括轧水、_____和_____，其中_____脱水效率高，适合绸类织物的脱水。

3. 在丝织物的烘干设备中，_____属于接触式烘干，烘干的同时有熨平的作用。

### 二、概念题

1. 缩水率。

2. 拉幅整理。

3. 泛黄老化。

### 三、简答题

1. 丝织物产生缩水的原因是什么？

2. 丝织物增重整理的意义是什么？

3. 拒水整理和防水整理有何区别？

4. 真丝织物泛黄老化的原因是什么？

# 项目 4

## 人发制品及其加工（拓展项目）

### 【项目导读】

发制品种类多，市场大。发制品行业是数字化染整技术专业毕业生的就业领域之一。真人发与羊毛纤维类似，基本成分也是蛋白质，其加工工序与羊毛制品染整加工原理相近。本部分内容作为拓展项目，使学生了解发制品加工基本理论，通过本部分学习可拓展学生专业能力和就业范围。

### 【学习目标】

| 能力目标 | 知识目标 | 素质目标 |
|---|---|---|
| 1. 能够说出头发的结构特点。<br>2. 能描述发制品加工基本过程。 | 1. 了解发制品的发展历史。<br>2. 掌握发制品的概念、分类和用途。<br>3. 熟悉人发的基本结构特点。<br>4. 掌握发制品的基本加工过程。 | 尊重科学规律，学以致用，培养创新意识。 |

### 工作任务

通过绘制思维导图，总结发制品种类、特点及基本加工过程。

### 知识准备

发制品是以人发、化纤丝等为原料，经过一系列化学、物理的加工工艺制成的饰发，产品类别包括假发、胡须、眉毛、睫毛等，以假发为主。

人类使用发制品具有悠久的历史。我国早在尧舜时期就已出现假发，当时主要是具有头发生长缺陷的人使用。春秋时期，假发开始流行，起初假发主要用作贵族女性的饰物，能做出发髻等造型。汉朝根据《周礼》规定了特定场合的发型和发饰。据记载，公元295年—公元334年，东晋名将陶侃之母买头发接待客人，说明当时就已经有饰发交易。古埃及在4000多年前就开始使用假发，后来传到欧洲。12世纪的欧洲贵族将佩戴假发作为一种追求，假发被视为正式场合的头饰。由此开始，英国法庭上逐渐确立了大法官和大律师佩戴假发出庭的传统，并延续至今。如今假发已经成为人们时尚生活中的日常用品,满足人们追求时尚、弥补生理缺陷等方面的应用需求。

　　世界发制品产业经历了从欧洲到日、韩,又从日、韩到中国的转移过程。我国发制品业真正实现产业化是从 20 世纪 70 年代开始的。发制品产业具有小商品、大市场、大空间的特点,参与竞争的市场主体多,但大规模的企业少。目前中国是世界上最大的发制品生产基地和出口国。经过多年的发展,中国逐渐形成了稳定的市场格局,形成包括山东青岛、河南许昌、浙江义乌、广东等地的产业集聚地。青岛多走高端路线,主要生产真人发和手钩产品,舒适度和仿真度均好,产品主要有发块、发帘,较大的企业有即发、海森林等。许昌有"假发之都"之称,当地发制品主要出口北美和非洲,其中产量最大的瑞贝卡几乎占有全球一半的市场。许昌发制品企业擅长生产人发毛条和黑人假发,代表企业是瑞贝卡、龙正、龙祥等。浙江义乌擅长生产化纤发条和圣诞假发,代表企业有子叶美等。广东擅长生产女士假发,主要出口欧美市场,代表企业有精工、训成等。另外深圳也有名仕等代表性发制品企业。

## 一、发制品的类别

### （一）按照材质分类

　　根据原材料的不同,假发类别有人发、动物毛发和化纤丝假发,另外还有其中三种或两种材质的混合制品。

### 1. 人发

　　人类毛发主要作用是御寒、防热、保护、装饰。毛发由角化的表皮细胞组成,主要成分是角蛋白。

　　（1）人发的基本结构。

　　人发由毛根和毛干两部分组成。毛干露在皮肤外,是毛发的主体部分,由内而外分为三层,即髓质、皮质和表皮,如图 4-1-1 所示。髓质、皮质和表皮的特点如表 4-1-1 所示。

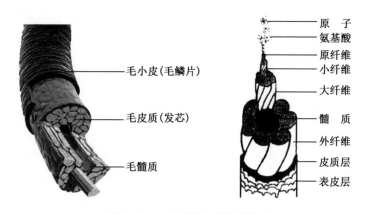

图 4-1-1　人发基本层次结构

表 4-1-1　人发各层结构的特点

| 毛层 | 位置 | 特点 |
|---|---|---|
| 表皮层 | 最外层 | 由硬角质蛋白、没有细胞核的细胞构成,有6～12层角质鳞片从发根到发尾如鱼鳞状排列而成。质量约占头发的5%～15%,呈透明或半透明状态。表皮层可以保护头发免受外来伤害,角质鳞片遇水或碱会打开。表皮层变薄,会使头发失去凝聚力和抵抗力,发质变脆弱。如果头发损伤或分叉,当阳光从表皮层的半透明细胞膜进入细胞内时,光线会发生不规则反射,给人一种发质粗糙的感觉。油脂腺产生的油脂混合人体排泄物后,在毛发表面形成"酸膜",起到保护毛发,维持毛发酸性平衡的作用 |
| 皮质层 | 中间层 | 由柔软的蛋白质及角化的菱形细胞组成,包括蛋白细胞和色素细胞,是头发的主体。皮质层约占头发质量的75%,含有毛发的大部分色素粒子,决定了头发的原色。螺旋状蛋白质分子链互相缠绕形成原纤,原纤通过螺旋式、弹簧式的结构互相缠绕成微纤,微纤再以同样的方式形成长纤维,最后形成皮质。皮质结构使得毛发具有很强的拉伸能力和弹性,头发的物理和化学性质都取决于皮质层 |
| 髓质层 | 中心 | 髓质层占头发的0～5%,起到支撑头发的作用,髓质层内含有黑色素。在细发中往往不存在髓质层 |

（2）人发的化学组成。

① 人发的氨基酸组成

组成人发主要成分是角蛋白。角蛋白约由 18 种氨基酸组成。人发角蛋白、羊毛角蛋白与人类表皮的氨基酸组成见表 4-1-2。头发角蛋白的氨基酸组成特征是胱氨酸含量多,比羊毛角蛋白的胱氨酸含量多 40%～50%。另外,碱性氨基酸——组氨酸、赖氨酸、精氨酸的比率为 1:3:10,该比率是头发角蛋白所特有的。人类的头发会因多种原因产生构成比例差,如男发中胱氨酸含量更多,饮食习惯不同,精氨酸、蛋氨酸含量也会有差异。

表 4-1-2　角蛋白的氨基酸组成及含量(%)

| 氨基酸 | 人头发角蛋白 | 羊毛角蛋白 | 人类表皮 |
|---|---|---|---|
| 甘氨酸 | 4.1～4.2 | 5.2～6.5 | 6.0 |
| 丙氨酸 | 2.8 | 3.4～4.4 | — |
| 缬氨酸 | 5.5 | 5.0～5.9 | 4.2 |
| 亮氨酸 | 6.4 | 7.6～8.1 | (8.3) |
| 异亮氨酸 | 4.8 | 3.1～4.5 | (6.8) |
| 苯丙氨酸 | 2.4～3.6 | 3.4～4.0 | 2.8 |
| 脯氨酸 | 4.3 | 5.3～8.1 | 3.2 |
| 丝氨酸 | 7.4～10.6 | 7.2～9.5 | 16.5 |
| 苏氨酸 | 7.0～8.5 | 6.6～6.7 | 3.4 |
| 酪氨酸 | 2.2～3.0 | 4.0～6.4 | 3.4～5.7 |

(续表)

| 氨基酸 | 人头发角蛋白 | 羊毛角蛋白 | 人类表皮 |
|---|---|---|---|
| 天门冬氨酸 | 3.9～7.7 | 6.4～7.3 | (6.4～8.1) |
| 谷氨酸 | 13.6～14.2 | 13.1～16.0 | (9.1～15.4) |
| 精氨酸 | 8.9～10.8 | 9.2～10.6 | 5.9～11.7 |
| 赖氨酸 | 1.9～3.1 | 2.8～3.3 | 3.1～6.9 |
| 组氨酸 | 0.6～1.2 | 0.7～1.1 | 0.6～1.8 |
| 色氨酸 | 0.4～1.3 | 1.8～2.1 | 0.5～1.8 |
| 胱氨酸 | 16.6～18.0 | 11.0～13.7 | 2.3～3.8 |
| 蛋氨酸 | 0.7～1.0 | 0.5～0.7 | 1.0～2.5 |

② 黑色素

人类头发里含有三种不同的色素:优黑色素、红黑色素和嗜黑色素。在不同的人种中,这三种不同颜色的色素在头发中的比例不同,发色看起来就会有差异。优黑色素含量高,头发呈金黄色;红黑色素含量高,头发呈红褐色;嗜黑色素含量高,头发呈黑色。形成头发颜色差异的原因有遗传因素和生活环境。祖先生活在寒带地区的人由于日照较少,不需要分泌过多的色素保护自己,所以头发的颜色比较浅;生活在热带地区的人由于日照较强,分泌的黑色素较多,所以大多长着黑头发。老年后头发变白是由于色素被降解,显示出了头发本来的底色。随着人的年龄增大,不同的色素的降解速度也不同,因此,不是所有老人的头发都是花白的。

天然黑色素结构复杂,分子量高,在水中难易溶解,且不溶于有机溶剂,但可溶于碱溶液。天然黑色素主要含苯醌、对苯二酚两个功能基团,它们在不同 pH 值下分别对金属离子的吸收起主导作用,使得黑色素具有很强的金属螯合能力。

头发颜色同头发内所含金属元素的不同有关。黑发含有等量的铜、铁和黑色素,灰白色发内镍的含量增多,金黄色头发含有钛,红褐色头发含有钼,红棕色发除含有铜、铁之外,还含有钴元素;绿色头发则是含有过多的铜元素。在非洲一些国家,有些孩子的头发呈红色,是因严重缺乏蛋白质造成的。

③ 元素组成

头发主要成分是蛋白质,其主要元素组成为 C、H、O、N,还含有 Cu、Zn、Fe、Mn、Ca、Mg 等金属元素,此外还含有 P、Si、I 等微量元素。

④ 脂质

头发中的脂质含量因人而异,约有 1%～9%。

⑤ 水分

头发具有吸湿性。周围环境的湿度不同,头发的水分含量也不同。在温度 25 ℃,相对湿度 65% 左右时,头发含有 12%～13% 的水分。

人发的等电点为 4.5~5.6,在这一 pH 值条件下,细菌、病毒难以生存。头发纤维具有多孔性,易吸水膨胀。将毛发浸泡在水中,头发很快就会膨胀,膨胀后的质量比未浸泡前质量高 40%左右。当溶液 pH 值在 9.5 以上时,头发急速膨胀、软化、分解,头发中的化学键会水解。当 pH 值小于 2 时,头发也会产生轻度膨胀,对发质伤害也很大。

(3) 人发分类及特点。

由于人发自然生长较慢,同时受现代人蓄发习惯的影响,男士以留短发居多,女士在蓄发时经常进行烫、染等处理,使得假发制品的人发材料来源有限,成本不断提高。人发类发制品更接近真实的头发且不易打结,但是定型和卷曲牢度不如化纤发。人发类发制品一般锁定高端市场,价格远高于化纤假发。目前人发产品的产量占据假发生产量的60%以上。人发又分为顺发、档发、泡发,品质依次降低。顺发又称为辫发、原割发、保鳞发,是从未经烫染头发的人的头上直接剪下的。顺发发根和发梢分开,形态自然,保留了头发本身的毛鳞片,是人发中最贵的材料。档发一般是从理发店收购来的,经过前期处理后排列整齐的人发,发根和发梢不分,质量一般。泡发是梳理时自然掉落的头发,带有发根(泡发头),发根和尾梢顺序不一致,品质一般较差,是发制品的主要原料。不同人种的头发品质不同,用作假发原材料的主要有中国发、印度发、欧洲发等。中国发的发质较硬,比较顺直,过酸后可漂染,使用时能改变造型,产品在欧洲和美国比较受欢迎。印度发较软,有自然小卷,可塑性较差。欧洲发的发色接近当地市场,一般不进行漂染等处理,较多用于接发,价格最贵。

## 2. 动物毛发

动物毛发常用的主要有牛毛、马尾毛、羊毛、马海毛等,其中羊毛最接近人发。动物毛相比真人发和化纤具有显著的蓬松效果,价格介于两者之间。

## 3. 化纤发

化纤发是以一种或几种化学纤维丝为原料制作而成的。这种特别的化纤丝是以天然的或人工合成的高分子化合物为原料,经过化学或物理的方法加工而成。目前高档化纤丝原料一般从韩、日进口,中低档化纤丝在国内采购。化纤发的特点是光泽亮,逼真度较差,产品透气性差,容易引起过敏反应,但是相比真人发价格便宜,定型效果好。低档化纤发制品常用做橱窗模特头上的假发。化纤丝按照耐高温程度分为高温丝和低温丝。高温丝耐 170℃以上高温,发丝亮,手感顺滑,易于造型。低温丝亮度低、更细、更轻,效果自然。

化纤发和人发的鉴别可依据上色性质和外形特征来区分。化纤发染色温度通常高于 100℃,低温不上色或只有少量很细、弯曲的化纤上色,而人发低温下一般会上色,目前市场上出现了许多蛋白质纤维的假发,也能满足低温上色需求。化纤发通常直径较大,两头没有均匀变细的现象,有些化纤很细并存在规律弯曲,有些则有明显的小疙瘩,另外,有些化纤纵向存在明显的直径变化。人发在发梢端存在均匀变细的现象,梢头有分叉或突然变细现象,有的存在发根泡头。

## （二）按照功能分类

按照功能的不同，假发制品可分生活妆饰发、角色扮演假发、教习头。生活妆饰发有两种，一种是为追求时尚而佩戴，另一种是为弥补头发生长缺陷而佩戴。角色扮演假发可用于影视剧演员角色假发、动漫假发等。教习头主要用作美容、美发教学的教具，分为剪脸、剪耳、混合头等。另外假发也可满足某些特殊职业的需求，如英国大法官、律师等行业。

按照应用可分为头套类、发块、接发和配件四大类。

头套类可分为全头套、半头套、3/4 头套（又称七分头）。按照市场可分为黑人头套、白人头套和犹太头套。

发块类也叫发片，面积比头套小，佩戴更灵活，在国外女士用的发块称为 Top Hairpieces，男士用的发块叫 Toupee。

接发类可以分为发帘、发束、卡子发、PU。

配件类一般是接发的变形产品，包括刘海、马尾、发圈、发髻等。

## （三）按照加工方法分类

依据加工方法的不同，发制品可分为机织发和手钩发。机织发借助机械自动化批量加工，价格便宜，但较厚重，透气性较差，佩戴不舒适，易打结。手钩发是纯手工制作，相比机织发透气性好，佩戴舒适，形态逼真，价格较高。

# 二、假发加工的一般流程

假发加工按主要过程可以分为前处理、成品加工、后处理，假发生产的前处理包括了前准备、漂、染等工序。假发生产的前处理阶段用到最多的染整专业知识，本部分把前处理工序做重点介绍。

各类发制品的基本工艺流程如下：

**原料准备**　　　　　　**漂染前处理**

原料购入→拉发分档→配料投料→{过酸→中和→冲洗→漂洗→冲洗→染色→洗发→烘干}→打发分把→机制发帘→**后处理**

**后处理**{直发：泡货→洗发→脱水→泡油　曲发：一次洗发→烘干→雅克定型}→二次洗发→烘干→验质→包装→出货

从发制品加工工艺流程可看出，其主要可分为漂染前处理和后处理两阶段。前处理以化学加工为主，后处理主要涉及物理机械性加工。

## （一）前处理

前处理的过程实际上是色发的准备过程。各种真人发产品的前处理基本流程相似，一般流程如下：

原料准备→跑双针→吃酸→催化→中和→漂白→染色→洗发→烘干

## 1. 原料准备

原料准备过程包括根据产品要求采购、选择原料,依据不同的幅度配好档寸,跑双针。

跑双针是指原料投入生产前,先批成小把,铺平,用双针机器跑成帘子。

主要作用:

(1) 减少乱毛,防止后续生产中头尾颠倒;

(2) 区别不同的档寸和产品,有助于后续工序分发;

(3) 用不同颜色的线区分头部和发梢。

## 2. 过酸

过酸是指用酸溶液处理头发,达到除杂、杀菌以及去除部分鳞片层的效果。过酸后的头发顺滑不易打结。过酸也称酸洗,是将待处理头发放入直径约 1.1 m、深约 1 m 的不锈钢圆筒中,投入一定配比的硫酸与次氯酸溶液,浸泡处理 20 min,不时搅拌,保证均匀。由于人发表面毛鳞片具有化学稳定性,可在一定程度上阻碍其他物质渗入毛发内。弱酸性条件下,次氯酸能使毛鳞片氯化,使毛鳞片张开,并部分剥离。酸洗的作用体现在两方面,一是去除毛发表面的污渍、油脂等杂质;二是氯化后,鳞片层部分受损或剥离,有利于漂白以及后续的染色过程。

酸液有两种,最常用的是硫酸。

保鳞发吃酸的配比为 $H_2SO_4 : NaClO : H_2O = 1 : (4 \sim 5) : (200 \sim 400)$。用酸液处理发根,发梢轻处理或不处理。因为浅色号漂白时间较长,对头发的损伤较大,所以要严格控制吃酸时间。

过酸原理:次氯酸钠水解形成次氯酸,次氯酸进一步分解形成新生态氧 $[O]$。新生态氧的极强氧化性使硬质蛋白特定的空间构象被破坏。蛋白质分子从原来的卷曲紧密结构变为无序的松散伸展状结构,最后溶解于次氯酸钠溶液中。油脂与硫酸反应生成脂肪酸和甘油。

顺发过酸时,$H_2SO_4 : NaClO$ 的使用比例大约为 $1 : 5$,有的工厂使用硫酸和次氯粉,比例约为 $1 : 1$,因为顺发和泡发需要去除一部分鳞片层,因此 $NaClO$ 含量高,处理时间也长。

当溶液 pH 值小于 2 时,头发的髓质层会流失,而过酸的酸溶液 pH 值是小于 2 的,因此吃酸处理中会伴随着髓质层的流失。髓质层流失后,头发会变软。

过酸后,一部分较浅的色号会进入催化工序,以便更好地进行漂白。

过酸是否合格的一个衡量指标是水洗是否打结。对于顺发和泡发,另一个检测指标是出浆情况。过酸将大分子蛋白质溶解成小分子的蛋白质或氨基酸,附着在头发上,这些物质在碱性条件下被乳化成"浆",这些浆要充分水洗,以免附着在头发上影响头发的光泽和后处理加工。工厂一般下午吃酸,吃酸后放置到第二天进行中和。若需催化的,吃酸后直接催化,然后放置到第二天后中和。

### 3. 中和

中和是指用碱溶液中和头发上的酸溶液，使头发处在一个碱性环境中，为后面的双氧水漂白做准备。

过酸后要用氨水中和，去除头发内多余的酸。氨水的作用主要是作为中和酸剂，改变毛发纤维的表面活性，增加毛发顺滑感。中和操作过程：将经过酸洗的发制品捞出，投入另一个不锈钢圆筒，加入一定浓度的氨水。中和所用的氨水浓度为 10% 左右，氨水与水的配比约为 300 mL 氨水加 5 kg 水。通常在 50 ℃ 下浸泡 10 min，中和温度不超过 70 ℃。由于头发不耐碱，中和时间不宜过长。中和液 pH 值在 9～11。中和过程中要不断搅拌，保证浸渍均匀。

### 4. 冲洗

在中和过程中，头发表面鳞片会脱落进入中和液中。为去除毛鳞片，防止其影响后续加工，需要对头发进行冲洗处理。一般过程为：排净中和液，加入等量 80 ℃ 软水，浸泡 3 min，排出，再重复浸洗一次，最后进行淋脱洗，即边用 80 ℃ 软水淋洗，边脱水，处理 5 min。

### 5. 催化

催化工序是用特定的助剂对头发进行预处理，以保证头发的褪色效果。对于头发中色素含量较多的如黑发，常规双氧水漂白后白度不理想，需要经催化处理。

催化的常用助剂为硫酸亚铁、酒石酸、工业盐。每个工厂用的比例差别较大，每种助剂一般会用到 10%～30%（o. w. f.），催化的温度一般在 90～100 ℃，催化的时间通常不低于 4 h。催化时将催化用剂放入水中，然后放入头发，水量以恰好浸没头发为宜，根据漂色程度，漂白 2～6 h。

铁离子对双氧水的分解反应有很强的催化作用。先将亚铁离子浸透到头发纤维内部，使后续漂白过程中双氧水能快速氧化头发内部的色素分子。黑色素分子结构如下图所示。分子内含多个带有孤对电子的亚氨基，亚氨基可以和带正电的铁离子结合，形成络合物。而头发本身是由稳定的氢键、肽键等结合成的蛋白质分子组成的，很少与铁离子形成络合物，所以色素离子会对铁离子进行选择性吸收。

黑色素分子基本结构　　　　　　　　酒石酸结构

催化工序所用助剂主要有硫酸亚铁、酒石酸、食盐。

酒石酸的作用是络合铁离子,用作亚铁离子的抗氧化剂。酒石酸分子中含有两个羧基,羧基氧上的孤对电子能结合亚铁离子,形成对外不显电性的相对稳定的结构,从而防止亚铁离子被其他物质氧化。

头发的等电点为 4.5~5.6。在催化过程中,溶液 pH 值低于头发等电点而使其显正电。盐的作用:一是,提供氯离子,结合头发表面的正电荷,使铁离子更容易靠近;二是,渗透到头发内部,通过水合作用使头发纤维溶胀,增大纤维内部的间隙,帮助亚铁离子及其络合物的向内扩散。

铁离子和酒石酸的络合物进入头发后,由于色素分子与铁离子的结合牢度更大,因此色素分子会夺取酒石酸上的铁离子,形成新的络合物。当然,这种夺取不彻底,未被夺取的络合物会继续保留在头发中,或在后续的洗涤工序中被洗掉。

催化助剂配比为:1 公斤头发加 200 g 硫酸亚铁、300 g 酒石酸、300 g 工业盐。使用时将水加热到沸腾,再将头发加入。一般当天下午吃酸后催化,到第二天早上捞出中和。

## 6. 漂洗

由于发制品的原材料来源广泛,品质参差不齐,为了使产品更自然、逼真,就需要对一些颜色特殊的发制品进行漂洗。漂洗是将头发放到调配好的漂液中,漂出需要的底色。漂洗的目的是生产浅色号的发制品,一般在原发颜色较深时采用。

双氧水在碱性条件下,能深入毛髓质,破坏毛髓质中的色素,使发制品颜色变浅,利于后续染出浅色号产品。一般发制品工厂常用的漂白方式为双氧水漂白,也有不少工厂会配合还原漂白、氯漂一起使用。

以 1 kg 头发为例,双氧水、焦磷酸钠、氨水(12%)、水的配比大致如下:

深色:1 L∶300 g∶100~200 mL∶4~10 L

中色:1.5 L∶200~300 g∶100~200 mL∶4~10 L

浅色:2 L∶200~300 g∶100~200 mL∶4~10 L

漂白时间:深色一般 1~2 h,浅色一般 3~20 h 不等。漂白温度不超 60 ℃,漂白液 pH 值为 9~10。漂白结束后,先用凉水将大部分染化料冲洗掉,再用温水洗 3 遍。清洗干净后,用凉水浸泡待染。

漂白过程中,未放入头发时,漂液温度一般在 40 ℃左右。放入头发后,双氧水分解放热,黑色素被氧化也开始分解,水温会升高到 45~50 ℃。在漂白过程中,游离的 $Fe^{3+}$、$Mn^{2+}$ 等金属离子会加速双氧水的漂白,造成双氧水过快分解,头发中的蛋白质被氧化,造成头发脆损。漂白液中加入焦磷酸钠可以络合金属离子,保护头发。需注意的是焦磷酸钠在温度大于 70 ℃时不稳定,在煮沸的水中会水解成磷酸氢二钠。

双氧水分解反应式: $H_2O_2 \longrightarrow H_2O + O_2 \uparrow + 46.95$ kcal

## 7. 漂洗后冲洗

由于双氧水对发制品的结构具有一定破坏作用,因此漂完后要对发制品进行清洗。通常用 50 ℃软水冲洗至出水澄清为止。

**8. 煮净**

经中和或漂洗后的发制品需进一步在 80 ℃软水中煮洗，进一步去除残留的鳞片、色素及残留的化学品，为后续染色做准备。染色开始前，先将泡好的头发在染锅中用热水烫 1～2 遍。如果在头套车间，染发前一定要先将头发烫到无双氧水的味道，再进行染色。

**9. 染色**

染色工序是将头发染到客户指定颜色的过程。

（1）染色过程。

染色前，先确保头发中的漂白用剂已充分去除干净。染色时，工人的操作会因个人习惯略有不同。人发车间一般加料顺序为染料→头发→硫酸铵，即先用温水将染料搅匀溶解，对头发进行预染，再加硫酸铵促染，然后升温促染、固色。头套车间的一般操作是先加染料，再加盐，搅拌均匀，再投入头发。染色温度根据颜色不同而异，一般深色温度100 ℃，中深色 70～90 ℃，浅色一般控制在 60 ℃左右。在染色时要时刻观察颜色变化，染到一定程度后，取出一小把，吹干，对色，当符合要求时，将染液放掉停止染色。

市面上染假发制品常用的染料有：中性染料（中性黑、中性橙、中性枣红、中性蓝等）、酸性染料、活性染料、还原染料，其中最常用的是中性染料。

中性染料染色时，染液 pH 值在头发的等电点以上，染料与头发的结合主要靠氢键和范德华力，铵盐起促染作用。图 4-1-2 所示为染料上染头发的染色过程。

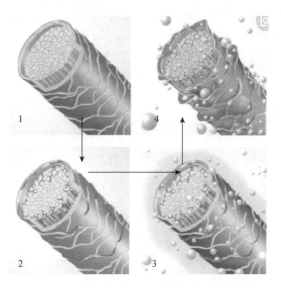

图 4-1-2　染料上染头发的染色过程

如图 4-1-2 所示，1 表示染料在鳞片层的保护下处于正常紧致的状态；2 表示在水的浸泡作用下，头发的毛鳞片层部分打开，头发内部纤维间空隙变大；3 表示硫酸铵进入头发，进一步打开鳞片层，头发溶胀，变得更加疏松；4 表示染料分子通过打开的鳞片层和疏松的纤维空隙进入纤维内部。

另外,硫酸铵是弱电解质,饱和的硫酸铵 pH 值是 5.5。染色时硫酸铵主要用来调节染液 pH 值。染色后的处理流程为:梳理→修头尾色差→皂洗→水洗→脱水→烘干。

（2）减法混色。

假发的染色与纺织品的染色类似,染料拼色符合减法混色原理,如图 4-1-3 所示。常用的染料三原色为红、黄、蓝,这三色能拼出最大的颜色范围。生产实际中,常根据染料类型和力份等选择合适的染料做三原色。

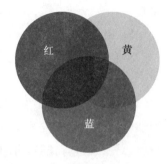

图 4-1-3　三原色减法混色原理

**10. 洗发**

染色后的发制品要先经过高速旋转的脱水机脱水淋洗,再将发制品放入洗发槽内,注入 50 ℃的软水,手工清洗。根据落色情况,一般需要换 2～3 次水,清洗至出水澄清透明。

**11. 烘干**

洗发后要对头发进行烘干,方便保存和后序加工。色号不同,烘干的时间和温度也不同,通常,浅色号在 50 ℃以下,烘干 2～3 h,烘到一定程度后,自然晾干;深色号在 60～70 ℃下烘 4～5 h。冬季和夏季,烘干时间和温度略有差异。

烘干常用的设备有两种,即热风烘干室和烘箱。热风烘干室内部设有加热管,分为蒸汽加热和电加热,烘干室顶部设有风机,促进烘干室内部的热循环,烘干室进出方便,人可以随时进出收放货物。烘箱中的每一层架子上都有孔,热气从孔洞中流出,每一层的温度都很均匀。烘箱烘干时,产品是分批次放入的,不会经常开门,所以能保持温度均匀,烘干效果好。也有少数工厂夏季或阳光不错的时候选择使用玻璃房收集太阳光晒干,这种方式比较节能环保。

**（二）拆线、拉发和打发**

烘干结束后,经过拆线和拉发,对头发进行整理。拆线时,根据线的颜色将不同档的头发挑选出来分类。拆线和拉发时,注意要将头发摆放整齐,头尾不颠倒。拉发结束后,需对色。对色不合格的产品需改色。打发是将各种色发混匀,形成发把的过程。

**（三）后处理**

各类假发产品最后都要经过后处理过程。后处理的目的是使产品手感滑爽,不毛躁,外观漂亮。基本操作是将产品清洗干净后,一般连续洗 6 遍,再在 40～50 ℃下泡 10～15 min 后处理助剂(也称泡油)。泡油后,将头发整齐地梳好后进行烘干。注意,只漂未染且经过后处理的产品要去油后才能改色,否则容易染花。只漂未染且没有经过后处理的产品可以直接染色。雅克定型是将直发经雅克机处理,使其变得蓬松,产生细纹的加工。

将处理干净的产品投入 40～50 ℃水浴中浸泡 10～15 min。

### (四) 产品检验

最重要的检验指标是不能打结。检验方式是目测,观察水洗过程中头发是否打结。以青岛海森林发制品有限公司为例,其检验方式是搓发水洗,每一节搓 8 下,整体再搓 8 下,视为水洗 1 遍。一般泡发产品水洗 6 遍,顺发保鳞发产品水洗 10 遍。

## 三、接发的成品加工工序

发制品种类多,款式多样,且不同客户的要求也不尽相同,因而不同发制品生产工艺也各不相同。接发产品分为发束、发帘、卡子发和 PU,如图 4-1-4 所示。

发束　　　　　　　发帘　　　　　　　卡子发　　　　　　PU

**图 4-1-4　接发产品实物**

(1) 发束。挂胶发束一般用于接发,能够增加发长,发量,或改变发型,根据使用方法分为冷接发束和热接发束。

冷接即使用接发环、钩子和钳子接发,常见发束有棍状发束、软胶发束、哑光发束。

棍状发束:用胶直接搓发制作而成的发束。

软胶发束:使用瑞士软胶制成,比棍状发束软,佩戴舒适。

水晶发束:软胶发束外粘一层水晶胶而成。

哑光发束:软胶发束外添加一层哑光物质而成。

热接即使用接发钳、驳片橡胶指套等接发,常见的发束有平板状、指甲状、V 形发束等。

冷接发束一般由手工搓成,热接发束也叫热熔发束,一般由磨具压制而成。

(2) PU。PU 的佩戴方式是使用双面胶将产品和消费者的头发粘贴在一起。常见 PU 有黏胶 PU、机制 PU、机插 PU 和手钩 PU。

① 黏胶 PU。

黏胶 PU 的制作过程是把头发的发根用抹胶的方式固定成帘子状,再贴双面胶裁成客户需要的大小。黏胶 PU 的制作工艺流程:先跑双针固定头发→用胶带将头发固定在玻璃板上→在发根 1.5~2 cm 处黏胶带,防止 PU 胶渗透到下面→抹胶后烘干→工人对烘干后的 PU 进行整理,使 PU 均匀→将抹了 PU 胶的薄纱粘在 PU 条上→烘干→剪掉不齐的地方,按照要求裁剪成片。

② 机制 PU。

机制 PU 与黏胶 PU 不同的地方是,在发根往下 0.5～1 英寸(1 英寸 = 2.54 cm)的位置缝 1 道及以上的线,抹 PU 胶覆盖线迹,给人一种相对结实的感觉。机制 PU 比黏胶PU 要粗糙一些。

③ 机插 PU。

机插 PU 即将头发用机器钩在黏胶 PU 上,再在背面抹胶,使表面光滑,对头发起固定作用,再按照客户要求裁片。

④ 手钩 PU。

手钩 PU 即将头发钩在黏胶 PU 上,再在有结的一面抹胶,使头发表面光滑,起固定头发的作用,最后根据客户要求裁片。手钩 PU 价格更高,有回发,帘子厚,美观性差。

(3) 发帘。发帘按照工艺分为机制和手编发帘。机制的制作方式是用三联机(双针机、单针机、单针机)制成帘子,再用胶将头发进一步固定。手编是手工将头发编到线上,编成一个帘子。

(4) 卡子发。用错边、合边的方式将帘子合片,再按照客户要求裁剪,抹胶处理后按照要求缝卡子,贴标签,即做成卡子发。

另外还有配件。配件的半成品一般来源于 PU 或者发帘的组合,使用卡子、魔术贴等方式佩戴。

接发产品制作完毕就进入后处理工序。后处理的主要目的是赋予产品更好的手感,增加其耐用性。有些曲发产品会在后处理这一步做出客户要求的曲度。

## 四、头套的制作工艺

头套顾名思义就是佩戴后能全部遮住自己头发和头皮的产品,见图 4-1-5。头套是发制品的一类,一般用人发或化纤丝为原料,结合网帽织制而成,可直接整体佩戴。头套所用原料一般有客供发和蒙古发。蒙古发是中国发中一些细软的辫发,客供发是客人自己提供的头发。

发套(头套)

**图 4-1-5  发套实物**

### 1. 漂染流程

头套车间的漂染及后处理加工与人发车间的基本相同。

(1) 过酸。

头套只需在颈后及尾部轻蘸过酸,防止使用过程中头发与人的颈部、背部摩擦打结。

(2) 催化及中和。

原料颜色重的需进行催化,所有过酸的头发均需中和,中和约 30～40 min。催化和中和的工艺原理及配方与人发车间基本相同。

(3) 漂白。

漂白用的染化料与人发车间相同,但加料比例略有不同,所用比例为双氧水:焦磷酸钠:氨水＝10:1:1,一公斤头发约对应 2.5～3 L 的双氧水。

漂白时间根据色号不同来定,深色号约 1.5 h,浅色号约 4～5 h。漂白后要充分水洗。

(4)染色。

染色前需用 60～70 ℃ 的热水烫 10～20 min,必要时多烫几遍,确保双氧水被完全去除。

在染色初期,头套车间的染色与人发车间相同,都是将所有档寸放在一起染色。不同的是,染色结束后(取中间档寸对颜色),先将不同档寸分开水洗,泡三合一助剂,再进行拉发。拉发结束后所有档寸会转到漂染车间,车间班长会对所有的颜色进行判断,确定颜色是否合格,这一过程叫顺色。顺色后,不通过的颜色会分到不同染色师手中进行修色,修色结束后再重新拉发和顺色。通过后,转入下一工段,即车间制发工艺。

**2. 发套成品制作**

从漂染车间出来的头发经拉发(拉发后需对颜色,若颜色不对需回修)、称重、配发后,进行成品制作。成品生产流程(包含头套的后处理)如下:

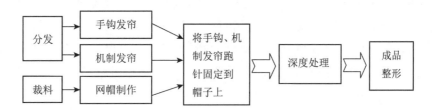

(1)分发,即称发计量。每一款假发都有规定的质量,计量就是按照各类假发设计要求,称出规定质量的发丝,用皮筋扎好备用。

(2)手勾,就是将计量好的手勾原料头发按照工艺要求,勾到特定的网料上。

(3)机制发帘制作,同接发的机制产品,按照订单要求,将头发跑成帘子备用。

(4)裁料,按照订单要求,把各种网料裁成规定的尺寸。

(5)网帽制作,即将裁剪好的网料,用缝纫机缝制成订单规定的网帽规格。

(6)将手勾、机制帘子分别固定在网帽上,就是把勾好的手勾部分、准备好的机制发帘,按照订单设计,用高针机固定在网帽上,制成头套的雏形。

(7)深度处理,即将头发进一步维修,以修饰细节。

(8)成品整形,即将头套进行后整理,得到想要的手感,并进行整形、修剪、包装。

## 五、发块产品及生产工艺

发块即部分遮住自己头发或头皮的产品,见图 4-1-6。发块的种类非常多,常见的是手勾产品和机插产品,常见的佩戴方式有卡子和黏胶两种。

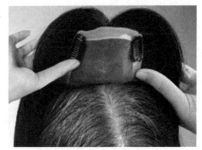

**图 4-1-6 发块实物**

染色及前处理过程如下：

（1）拉发和配发。

根据工艺单选取不同档寸的头发拉发、配发后，给到漂染车间。

（2）过酸。

发块车间一般为手钩头发，有回发，为防止打结，要对头部进行过酸。过酸时间根据深浅色不同而异。

（3）催化。

除深色外，中浅色号均需催化，配方及催化时间与人发车间基本相同。

（4）中和。

中和与人发车间基本相同。

（5）漂白。

漂白工艺与其他产品有很大的差别。该车间的处理工艺基本是手钩，手钩对头发的强力要求较高。如果头发强力受损，钩发过程中极易断发。双氧水在氧化分解头发的黑色素时，对头发的损伤也很大。发块漂白工艺中，要求双氧水的分解不能太快，碱性越强，双氧水的分解越快，因此，要严格控制 pH 值在 9 左右，温度在 50 ℃以下。

因为双氧水分解慢，漂浅色号所需时间也很长，有些色号可能需要漂两天。在夜间下班后，工人会将未漂白完成的头发冲洗干净，浸泡在凉水中等第二天再漂，防止出现漂色不均匀或过度漂白。

（6）染色。

发块染色最大的特点是批量小，如有时一次只染几片头发，色彩多，例如一个发块需要几种颜色。另外，客供色板与头发不对应也是染色的障碍之一。

（7）后处理。

染色结束后的后处理工艺与其他产品相同，都要梳双针、泡三合一助剂、烘干，有时根据客户要求还要做曲度。

## 【学习成果检验】

### 一、填空题

1. 头发由角化的_____组成，主要成分是_____。结构上由内而外分为三层，即_____、_____、_____。

2. 人头发里含有三种不同的色素：_____、_____、_____。_____色素含量高，头发呈黑色。黑色素有很强的金属螯合能力，发色的不同也与头发内所含金属元素不同有关，金黄色头发含_____。

3. 头发具有良好的吸湿性，易吸水膨胀。在温度 25 ℃、相对湿度 65% 条件下，头发的含水率约为_____。

4. 根据原材料不同，假发的类别有_____、动物毛发和_____假发，另外还有两种或三种材质的混合产品。

5. 假发加工主要过程分为_____、成品加工、_____，其中_____包括前准备、漂、染等工序。

## 二、简答题

1. 写出假发中真人发产品的前处理基本流程，简要介绍各工序的加工目的及条件。

2. 按照功能不同，假发产品分为哪些类别？

# 印染制品的质量检验（拓展项目）

## 【项目导读】

　　作为纺织印染行业从业人员，熟悉印染产品常见质量指标及常见测试标准是生产技术人员系统控制产品质量的基础。印染产品质量的检测必须遵循相应的国际、国家或行业标准才具有可信价值，熟悉常见的测试标准对印染从业人员，尤其对于从事产品质量检测、品质管理相关工作的人员来说非常必要。本项目简要介绍印染产品常见指标及相应的测试标准，为学生将来从事相关工作打下知识基础。

### 工作任务

　　根据测试要求正确选用印染产品质量检测标准。

### 知识准备

　　织物经练、染、印、整加工后，都需要对产品的内在质量与外观质量进行检验，然后根据检验结果对产品定级分等，送入装潢间，再经打印、折叠、贴商标、拼件、配花配色、对折卷板或卷筒、包装、打印，最后送出厂或入库。

## 一、质量检验要求

### （一）内在质量检验

#### 1. 物理力学性能

　　物理力学性能指标直接关系到织物的服用寿命和使用特性，是极重要的指标。经常检验的项目主要有下列几项：

　　（1）长度。织物按规定长度成匹，印染布一般以 30 m 为一整匹，长度低于 17.5 m 的称为零布。长度在 1～4.9 m 的为小零布，不能拼入成件布中，故在检验开剪时必须加以注意，以免造成损失。

　　（2）幅宽。幅宽指面料的有效宽度，有英制和公制两种表示方法。英制用英寸（"）表示，公制用厘米（cm）表示。1"≈2.54 cm。机织物的幅宽一般指织物纬向两边最外缘之间的距离。织物规格中，幅宽一般写在密度后面，如"45×45/108×58/60"，其中的幅宽为"60""。印染布标准幅宽＝坯布标准幅宽×幅宽加工系数。

(3) 经纬密度。对于机织物,有经向密度和纬向密度,分别简称为经密和纬密。经密指沿织物纬向单位长度内的经纱根数,纬密指沿织物经向单位长度内纬纱根数。公制密度以"10 cm"为单位长度,英制密度以"1""为单位长度。织物规格中,密度一般写在经纬纱线密度后面,其表示方法是"经密×纬密"。例如,"325×256",表示织物经密、纬密分别为 325 根/10 cm、256 根/10 cm。

针织物的密度定义为针织物单位长度或单位面积内的线圈数,一般以 10 cm 为单位长度,分为纵向密度(简称"纵密")、横向密度(简称"横密")和总密度。

坯布标准经纬密度分别乘经纬密度加工系数,即为印染布经纬密度。例如:印染涤棉混纺布中的府绸,其幅宽加工系数为 0.945,经向密度加工系数为 1.06,纬向密度加工系数为 0.96。

(4) 缩水率。它是印染制品质量的重要考核指标之一,因为它关系到服装成品的尺寸稳定性。防缩整理产品的缩水率规定如表 5-1 所示。

表 5-1　缩水率规定

| 防缩类别 | 缩水率(%),不大于 | |
| --- | --- | --- |
| | 经向 | 纬向 |
| 超级防缩 | 1 | 1 |
| 优级防缩 | 2 | 2 |

(5) 断裂强度。印染布标准经纬断裂强度值等于坯布经纬向断裂强度分别乘以经纬密度加工系数,再乘以经纬向断裂强度加工系数。

**2. 染色牢度**

染色牢度指纺织品在外界条件作用下保持色泽不变的程度。依据外界条件的不同,染色牢度主要分为耐洗色牢度、耐摩擦色牢度、耐日晒色牢度、耐熨烫色牢度等。印染厂经常考核的指标有皂洗色牢度、摩擦色牢度。汗渍色牢度用于染料还原及可溶性还原染料加工的浅色布,日晒色牢度通常不测试。测试方法可参见相关测试标准。

印染布内在质量评等,以经纬密、断裂强度、缩水率和染色牢度四项中最低等级的一项评定。具体评定办法按有关国家标准规定执行。

**(二) 外观质量检验**

主要检查布面疵病。印染成品的布面疵点分为局部性与散布性两类。局部性疵点程度在局部性布面疵点评等的基础上,采取逐级降等的办法,以确定印染织物外观质量等级。评定方法按国家标准规定办理。

局部性疵点包括色条、横档、斑渍、破损、边疵、轧光皱和织物疵七种。散布性疵点包括条花、色差、花纹不符或染色不匀、棉结杂质深浅细点、幅宽不符、歪斜和纬移七项。布面疵点允许评分：一等品 10 分，二等品 20 分，三等品 60 分，超过 60 分的为等外品。

## 二、印染成品检查

印染成品检查时，先在检布机上检验，再进行手工抽验复查，以减少漏验率。

### （一）检布机检查

目前检布机操作主要依靠人工眼力检查布面疵点。检布机车速与检布质量有着重要关系，车速过高易使操作者眼睛疲倦或模糊，尤其是色泽艳亮的织物及花形、颜色耀眼的产品，更易刺激视神经使之疲劳，致使漏验率增加。

织物上机检验时，应先核对布卡，了解品种、色泽、花号、色位，并检查卡上各工序有无疵病记录，做到心中有数。检布时按不同类型疵点，做上不同标记（在布边钉以色线或布条），遇分匹缝头处，在左侧布边用小剪剪开裂口，以便开剪。如发现连续性疵病较多时，需与检布工相互取得联系。

### （二）手工检查

将已经过检布机检验、量码及开剪的布段，抽取若干段进行逐幅检查。织物外观以正面为主，对于正反面外观相似的产品，则正反面均需检查。手工检查在验布台上逐幅翻查，检查较为仔细，可以弥补检布机检查准确度的不足。

## 三、量布

为了便于成品计数和折叠包装，在检布后，织物在量布机上测量长度。当织物在量布机上量到一定数量后，将布从量布台上拉出，然后检点长度（一般量布机上传布刀折成的布幅长度为 1 m），根据要求开剪。检查量布可在联合机上进行。

## 四、定级分等

定级分等一般在量布检点长度开剪时同时进行，定级分等按织物内在质量与外观质量结合评等。定级分等后接着盖头梢印，贴说明书，标厂名、出厂年月日以及布的长度、幅宽与等级、规格等。每匹或每段印染布上，均需粘贴成品说明书。说明书色泽规定：一等品白纸红字，二等品白纸绿字，三等品白纸蓝字，等外品白纸黑字。

## 五、包装和标志

印染成品的包装和标志，内销产品按国家标准规定办理，外销产品按外贸合约规定办理。

### （一）印染布成件

成件分整匹布和拼件布两种，整匹印染布以匹长 30 m 计，每件布总长度均有相应规定。

### (二) 包装和标志

为了保护织物不受损伤和便于运输贮藏,布匹出厂前必须根据要求包装。如外销产品一般需要逐匹贴商标、打金印、套纸圈、包玻璃纸、套塑料袋或用牛皮纸进行包装等。有些产品要在对折机上对折或卷板机上卷板或卷筒再成件装箱。内销产品包装要求简单,除特殊要求外,一般不需要逐匹包装。成品最后包装有装箱和打包两种,装箱根据商业部门订单要求的规格进行,打包是在打包机上压紧捆牢。

成品成件打包装箱后,还需在每包或每箱外皮上刷出标志,如生产厂名、品种、重量等字样,然后出厂。

# 参 考 文 献

［1］杭伟明,张永霞.蛋白质纤维制品的染整[M].北京：中国纺织出版社,2009.

［2］吴卫刚,周荣.纺织品标准应用[M].北京：中国纺织出版社,2003.

［3］郭常青,曹修平.印染产品质量控制[M].北京：中国纺织出版社,2022.

［4］杭伟明.纤维化学及面料[M].北京：中国纺织出版社,2009.

［5］杨秀稳.染色打样实训(第2版)[M].北京：中国纺织出版社,2016.

［6］耿兵主编.毛发护理[M].上海：上海交通大学出版社,2007.

［7］冯银亭编著.古今中外头发、假发史志[M].郑州：河南人民出版社,2007.

［8］梁栋,杨志华主编.头发洗护技术(第2版)[M].北京：北京理工大学出版社,2019.

［9］王爱英,刘建国.毛织物防蛀整理探讨[J].毛纺科技,2006(12)：23-25.

［10］顾浩,韩杰,杨皓,夏晶平.防水整理剂的发展与应用现状[J].纺织导报,2019,(4)：20-22＋24-26.

［11］方娟娟,高妍,顾浩.无氟防水整理剂的应用现状与发展趋势[J].纺织导报,2022(3)：57-60＋62.

［12］厉德山.MB461型防缩机的开发和应用[J].上海纺织科技,1993,21(1)：41-43.

［13］杨陈.毛织物防毡缩整理机理与工艺研究进展[J].国际纺织导报,2018,46(8)：34-36.